U0340187

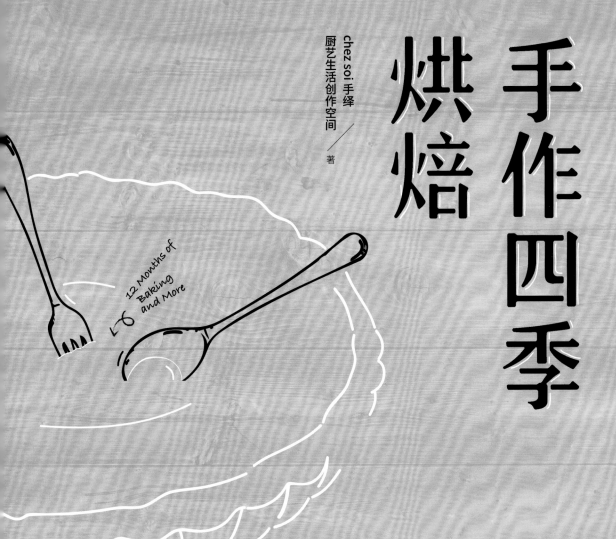

chez soi 手绎
厨艺生活创作空间

著

烘焙

手作四季

12 Months of Baking and More

中国轻工业出版社

每一天都是值得纪念的烘焙日

一年 12 个月中，有超过 15 位老师在手绎开课 960 多堂，无数的美味和快乐被创造分享出来，而且仍在持续进行中。我们将这些天值得纪念的美味通过食谱传递给更多的人是我们的心愿。chez soi 手绎分享的不只是厨艺技能，更是有深度的生活方式。

"手绎生活创作空间"融合了生活赏味与烘焙美学，无论是贴近日常的朴实面包，还是属于华丽派对的装饰蛋糕，手绎皆用心寻找其中最关键的幸福元素，期待大家亲手做出属于自己的美味。

每次的手作过程都糅合了老师和学员对厨艺的热爱与自身的回忆。而出炉时的甜蜜与期待，便延伸至手绎认真规划的课程主题，每月的生活提案不只反映了手绎所经历的变化，还有每位学员的回忆与生活风景，每一次的主题，都代表了手绎进程中崭新的里程碑！

我们之所以如此用心，是因为"手绎的味道"就是"家的滋味"，期待与您共同演绎属于彼此的料理故事！

Benny Eating Man
班尼食夫

January 1月
天使与魔鬼之宴

April 4 月
味蕾秘密花园

September 9 月
旅行手绘本

October 10 月
咖啡馆的美味漫步

— January | 1月

天使与魔鬼之宴

点心时间到！该吃一根清香甜糯的香蕉，还是浓郁丝滑的巧克力？这是一场魔鬼与天使之间的抉择。冬日里吃块高热量的巧克力好像有点罪恶，那么就和新鲜香蕉一起烘成有酥甜糖壳的布朗尼，诱人犯罪的巧克力魔鬼这次有了香蕉天使的健康加持，以纯洁的姿态现身！

伯爵朗姆葡萄慕斯杏仁蛋糕

以朗姆酒腌渍的葡萄适当地绽放着成熟的滋味；伯爵茶融入了淡淡的佛手柑香气；雪白的慕斯，是带着清甜气息的皑皑白雪，在此驻足注视积雪的景致，介于树林和结冰湖当中，散落着几片天使的翅膀，那是白巧克力的杰作。这片餐桌上的雪景如此美妙，自这洁白无瑕之梦中醒来，发现美味的雾气竟沾湿了灵魂。

材料 / 克　　　 6 英寸圆模 1 个

蛋糕体

全蛋	110
蜂蜜	30
杏仁粉	85
蛋清	70
细砂糖	40
无盐黄油	20

伯爵茶馅

蛋黄	40
细砂糖	40
伯爵茶叶	15
牛奶	200
鲜奶油	200
明胶片	5
无盐黄油	30

朗姆葡萄慕斯

鲜奶油 (1)	40
牛奶	40
蛋黄	20
香草荚酱	少许
明胶片	1.5 片
白巧克力	150
鲜奶油 (2)	30
酒渍葡萄干	120

组合与装饰

酒渍葡萄干	适量
白巧克力	适量

基本做法

蛋糕体

1. 全蛋、蜂蜜与杏仁粉拌匀备用，细砂糖分次加入蛋清中打发，两者混合后加入无盐黄油拌匀。
2. 入模，入烤箱以 180℃烤 10 分钟。

伯爵茶馅

1. 蛋黄与细砂糖打散备用。
2. 茶叶、牛奶与鲜奶油煮滚，筛除茶叶后冲入做法 (1)，回煮至浓稠后，加入泡软的明胶片和无盐黄油。

朗姆葡萄慕斯

鲜奶油 (1)、牛奶、蛋黄与香草荚酱煮至浓稠，加入泡软的明胶片和白巧克力，最后加入鲜奶油 (2) 和酒渍葡萄干拌匀。

组合与装饰

以慕斯圆模压出一片 5 英寸，一片 6 英寸的蛋糕片，以 6 英寸蛋糕片为底，倒入 1/2【朗姆葡萄慕斯】，叠入 5 英寸蛋糕片与【伯爵茶馅】，最后倒入剩余的【朗姆葡萄慕斯】，冷藏凝固后脱模，最后以白巧克力和酒渍葡萄干装饰。

 TIPS

制作酒渍葡萄干，先以沸水将葡萄干汆烫，去除表面结晶糖粒和多余油脂后沥干水分，加入酒类至淹过表面即可。

{ 梨子白兰地慕斯佐蜂蜜蛋糕 }

把蜂蜜蛋糕像草地一样铺于底层，而透着酒香的白兰地慕斯如丰沃的生命之河，以一种甜美之姿把洋梨的芳香灌注于圆柱模型中。当我们感恩而珍惜地摆上酒渍樱桃与开心果作为点睛之后，充满欢乐和梦境的傍晚翩然来临，在品尝过梨子的馥郁之后，把出发的足迹留在厨房地板上散落的雪白面粉上。

 材料 / 克　　　　3 英寸半空心慕斯模 4 个

蜂蜜蛋糕		白兰地慕斯		组合与装饰	
蛋清	175	洋梨	250	洋梨	适量
细砂糖	92	糖粉	25	酒渍樱桃	适量
无盐黄油	75	香草豆荚	1/2 支	开心果碎	适量
色拉油	33	樱桃白兰地	25		
牛奶	55	明胶片	10		
全蛋	42	鲜奶油	300		
蛋黄	75				
蜂蜜	29				
低筋面粉	108				

基本做法

蜂蜜蛋糕

1. 蛋清和细砂糖打发。
2. 无盐黄油、色拉油与牛奶一起加热至融化。
3. 全蛋、蛋黄与蜂蜜打发后加入过筛低筋面粉，和做法 (1)、做法 (2) 拌匀。
4. 以 170℃ 烤 10 ～ 15 分钟。

白兰地慕斯

1. 将洋梨搅打成泥，加入糖粉、香草豆荚、樱桃白兰地与泡软并融化的明胶片。
2. 鲜奶油打至七分发，和做法 (1) 拌匀。

组合与装饰

以慕斯模压出【蜂蜜蛋糕】片，将【白兰地慕斯】灌入慕斯模，冷藏后脱模，摆上加入细砂糖烤至焦糖的洋梨薄片，以酒渍樱桃与开心果碎装饰即可。

 TIPS

在制作时，请勿挑选太过湿软的洋梨，那可能会因吸收太多糖水而导致风味被其他材料盖过。

巧克力欧蕾海绵蛋糕

在世界万象之中寻找你的影迹，在湍急起伏的河流里，在山岚缥缈缭绕的天空里，我以橙黄之果，在布满浓黑巧克力的大地上留下渴望的线索，以轻盈的脚步滑行过黑色琼浆，点点金箔如略显羞怯低垂的眼睛，静静凝视以脆片组合围绕的希望之城。灵巧甜美的巧克力欧蕾，那自我身旁经过的芬芳，我想我看到了你燃烧于水中的篝火的样子。

材料 / 克　　　8 英寸正方形慕斯框 1 个

蛋糕体

蛋黄	40
细砂糖 (1)	20
香草荚酱	少许
可可粉	20
蛋清	60
细砂糖 (2)	25

香缇巧克力

苦甜巧克力	200
鲜奶油	260
百利甜酒	15ml
可可豆	15

巧克力欧蕾

白巧克力	220
鲜奶油	200
橙皮屑	适量
君度橙酒	15ml

表面淋酱

牛奶	100
细砂糖	60
可可粉	25
明胶片	5

组合与装饰

巴瑞脆片	适量

基本做法

蛋糕体

1. 蛋黄、细砂糖 (1) 与香草荚酱打发后加入可可粉。
2. 细砂糖 (2) 分次加入蛋清打发，均匀拌入做法 1 中。
3. 入模，以 160℃ 20 分钟。

香缇巧克力 / 巧克力欧蕾

所有材料依次放入不锈钢盆中，拌匀后备用。

表面淋酱

牛奶、细砂糖、可可粉与泡软的明胶片混合备用。

组合与装饰

于慕斯方框中放入一片裁为适当大小的【蛋糕体】，倒入 1/2 的【香缇巧克力】后再放入另一片【蛋糕体】并倒入剩余的【香缇巧克力】，最后倒入【巧克力欧蕾】，冷藏凝固后淋上【表面淋酱】。脱模后于四周沾上巴瑞脆片即可。

 TIPS

制作香缇巧克力添加的可可豆，可增加食用口感，如不喜欢，可换成橙皮丁或坚果碎。

卡士达草莓千层

烤一块酥酥的派皮，金黄色的表面当作是肥沃的土地，以香草卡士达馅作为甜美基底，再把一颗颗多汁的新鲜草莓和蓝莓放置其上，如一位天生的尤物，也似美丽盛开的玫瑰傲视群芳。待季节过去后，虽然那抹曾经开透的新鲜就要凋零，但仍能把记忆交给品尝过的味蕾，回想着上一季难忘的滋味，再期待下一季全新的芬芳。

材料 / 克　　　6 英寸方形慕斯模 1 个

派皮		卡士达内馅		组合与装饰	
低筋面粉	75	牛奶	150	草莓	适量
高筋面粉	75	香草荚酱	2	糖粉	适量
盐	2	细砂糖	25	蓝莓	适量
无盐黄油	100	蛋黄	60	鲜奶油香缇	适量
冰水	40 ~ 50	玉米粉	20		
		无盐黄油	25		
		鲜奶油	150		
		朗姆酒	20		

基本做法

派皮

1. 过筛粉类与盐混合均匀，放入切成米粒大小的无盐黄油，加入冰水拌压成团，静置 30 ~ 60 分钟。

2. 将做法 (1) 擀开成型，取适当大小，以 190 ~ 200℃烤 15 ~ 20 分钟。

卡士达内馅

1. 牛奶、香草荚酱、无盐黄油加热至约 70 ~ 80℃备用。

2. 蛋黄和细砂糖打发，加入玉米粉拌匀。

3. 将做法 (1) 与做法 (2) 混合拌匀，加热至沸腾离火，放入鲜奶油拌匀后冷却。

4. 鲜奶油与朗姆酒打发，与做法 (3) 混合备用。

组合与装饰

于【派皮】内挤上【卡士达内馅】，叠上草莓与蓝莓，撒上糖粉，以鲜奶油香缇妆点草莓即可。

 TIPS

制作派皮时，为了酥脆的口感，所有的材料都必须在 5℃以下的温度，以避免在搅拌的过程中奶油融化而影响层次。为了衬托卡士达的香甜，在制作派皮时没有添加任何糖分，所以混合的时间应尽量缩短，只要搅拌制成团即可。

材料 / 克　　　5 英寸圆形慕斯框 1 个

蛋糕体

全蛋	3 个
香草荚酱	3
细砂糖	80
牛奶	20
低筋面粉	70
玉米粉	15
无盐黄油	30

巧克力香缇

鲜奶油	100
苦甜巧克力	50
君度橙酒	10

鲜奶油香缇

鲜奶油	300
细砂糖	30
朗姆酒	30

焦糖坚果

细砂糖	150
水	30
杏仁粒 (烤过)	100
无盐黄油	15

组合与装饰

香蕉	适量
细砂糖	适量
开心果碎	适量

基本做法

蛋糕体

1. 全蛋、香草荚酱和细砂糖打发至微白，加入牛奶、过筛粉类及融化无盐黄油拌匀。
2. 入模，以 170 ~ 190℃烤 25 ~ 30 分钟。
3. 以 5 英寸慕斯框压出三片蛋糕片备用。

巧克力香缇

将所有材料混合打发即完成。

鲜奶油香缇

鲜奶油、细砂糖与朗姆酒混匀后打发。

焦糖坚果

细砂糖与水加热至焦化，加入杏仁粒与无盐黄油拌匀。

组合与装饰

于【蛋糕】内抹入【巧克力香缇】，分层夹入香蕉片，以【鲜奶油香缇】抹面与挤花，以【焦糖坚果】与撒上细砂糖烧炙上色的香蕉片装饰，撒上开心果碎即可。

香蕉巧克力焦糖坚果鲜奶油蛋糕

看似不起眼的香蕉，却拥有最丰富的内涵和滋味，而用于蛋糕的制作上，更如深藏体内的灵魂因而得以尽情挥洒，让平凡的糕点增添了多层次的味道；蛋糕体上抹上的佐料香缇充满激情地吸纳着热烈的阳光，再悠悠呼吐出纯纯的气息，新鲜香蕉与焦糖坚果的完美搭衬，一切美好都在此时散发出自己独特的美丽。

{ **意式蛋白霜红茶焦糖苹果脆皮蛋糕** }

蕴含着淡淡白兰地香气的苹果，咬一口，浓郁的甜蜜在舌尖舞动，再混合上意式蛋白霜的绵密，品尝瞬间，浪漫的酸甜味击溃了理智。那美好而罪恶的感觉仿佛白雪公主忍不住诱惑吃了继母的苹果之后，甜点控占领了童话世界。

 材料 / 克 　6 英寸菊花模 1 个

塔皮		苹果馅		意式蛋白霜	
无盐黄油	40	细砂糖	150	水	100
糖粉	40	苹果	2 颗	细砂糖	200
盐	1	柠檬汁	10	蛋清	115
低筋面粉	170	无盐黄油	10		
全蛋液	50	白兰地	15	组合与装饰	
蛋清	适量			红茶苹果果酱	50
				戚风蛋糕	1 片

 基本做法

塔皮

1. 所有材料依序加入钢盆中拌匀成团。

2. 擀开入模，以 170 ~ 180℃烤 15 ~ 25 分钟。

苹果馅

细砂糖煮至焦化，放入苹果、柠檬汁、白兰地与无盐黄油，焦化后离火备用。

意式蛋白霜

水与细砂糖加热至 115 ~ 120℃为糖浆，将糖浆边冲入稍打发的蛋清边持续搅打。

组合与装饰

【塔皮】内抹上红茶苹果酱，放入戚风蛋糕与【苹果馅】，周围用【蛋白霜】挤花装饰即可。

TIPS

待塔皮烤好后，可以在塔皮表面刷上一层薄薄的蛋清，再撒上一点细砂糖，以上火烤至糖色转为焦糖色后取出，冷却后的塔皮就会更加酥脆。熬煮苹果馅时，因为在熬煮的过程中苹果水分散失体积会变小，所以不需要切太小。

和风柚子酱奶油芝士海绵蛋糕

香醇洁白的一月狂想：将现实的苦涩裹上柚子奶油芝士酱后，闭上眼感觉蜂蜜牛奶在耳畔轻诉着悄悄话。涂抹一层一层又一层，仿佛在让纯净的灵魂与恣意的欲望对话。

材料 / 克　　　| 6 英寸海绵模 1 个 |

蛋糕体				柚子奶油芝士酱	
蛋黄	60	蛋清	100	奶油芝士	100
细砂糖 (1)	30	细砂糖 (2)	45	柚子蜂蜜	50
香草荚酱	少许	低筋面粉	75	柠檬汁	少许
蜂蜜	15			打发鲜奶油	200
牛奶	20				
无盐黄油	30				

组合与装饰

柚子	适量
柚子煎茶粉	适量

 基本做法

蛋糕体

1. 模型先铺上烘焙纸，蛋黄、细砂糖 (1)、香草荚酱与蜂蜜打至微白。
2. 牛奶与无盐黄油保温备用。
3. 蛋清与细砂糖 (2) 打发，取 1/2 加入做法 (1) 与过筛低筋面粉拌匀。
4. 再加入牛奶与无盐黄油拌匀。
5. 入模，以 180℃ 烘烤 25 ～ 28 分钟。

柚子奶油芝士酱

所有材料混匀备用。

组合与装饰

【蛋糕体】横剖为三片，夹入柚子果肉与【柚子奶油芝士酱】，以剩余的【柚子奶油芝士酱】抹面，表面撒上柚子煎茶粉装饰即可。

TIPS

制作蜂蜜柚子的方法其实很简单，将柚子皮洗净后，只需要取下绿色的外皮，不要切到白囊的部分，否则会有苦涩味，以滚水氽烫沥干水分后放入合适的容器中，再加入蜂蜜至稍微盖过表面即可，腌渍约 7 ～ 10 天就可以享用了。

{ 樱桃酒香黑森林蛋糕 }

苦甜巧克力融化之后，酒渍樱桃固守着曾经的誓言，跟随着微温的鲜奶油掉进甜言蜜语中，白昼与黑夜再无壁垒分明，浅尝后尽是想念的味道。

材料 / 克　　　6 英寸海绵模 1 个

蛋糕体

材料	克
蛋黄	60
细砂糖 (1)	45
蛋清	100
细砂糖 (2)	50
低筋面粉	65
可可粉	15
牛奶	35
无盐黄油	30

巧克力甘纳许

材料	克
苦甜巧克力	40
鲜奶油 (微温)	60

鲜奶油香缇

材料	克
鲜奶油	300
细砂糖	15
樱桃白兰地	15

组合与装饰

材料	克
酒糖液	适量
酒渍樱桃	20 颗
巧克力 (碎片)	适量

基本做法

蛋糕体

1. 模型先铺上烘焙纸，将粉类过筛后备用；牛奶、无盐黄油隔水加热备用。
2. 于盆中将蛋黄打散后，加入细砂糖 (1) 打至微白。
3. 将隔水加热后的液体慢慢加入 (2) 后拌匀成蛋黄锅。
4. 于另一钢盆中，将蛋清分次加入细砂糖 (2) 打发。
5. 将 1/2 的蛋清加入蛋黄锅拌匀后，加入过筛的粉类。拌匀后再加剩余的蛋清拌匀即可入模。
6. 以 180°C 烤约 20 ~ 32 分钟。

巧克力甘纳许

将苦甜巧克力隔水融化后，慢慢加入微温鲜奶油拌匀后，室温静置。

鲜奶油香缇

将细砂糖加入鲜奶油后打至 7 分发，续倒入樱桃白兰地拌匀备用。

组合与装饰

横剖为三片，夹入【巧克力甘纳许】与【鲜奶油香缇】，以【鲜奶油香缇】抹面与挤花，缀上酒渍樱桃与巧克力碎片即可。

材料 / 克　　　| 7 英寸圆形慕斯模 1 个 |

油皮		杏仁馅		蛋液	
高筋面粉	130	杏仁粉（烤过）	30	蛋黄	100
盐	6	糖粉	20	鲜奶油	25
水	60	全蛋	30		
醋	1	无盐黄油	30		
		朗姆酒	5		
油酥		低筋面粉	10		
无盐黄油	135	香草荚酱	适量		
高筋面粉	60				

基本做法

油皮

所有材料混合成团，冷藏松弛 6 小时以上。

油酥

所有材料混合，塑形为约 12 厘米 x12 厘米的大小，冷藏约 2 小时。

杏仁馅

所有材料混匀，入模冷冻备用。

蛋液

所有材料混匀备用。

组合与装饰

1. 将松弛好的【油皮】擀成约长 22 厘米 x113 厘米，放入【油酥】包起。

2. 擀长折三折，转向擀长续折四折，冷藏 30 分钟以上。此动作重复 2 次。

3. 续擀长折三折，冷藏 15 分钟以上，转向擀长续折四折，冷藏 15 分钟以上。

4. 擀开为约 2 个 7 英寸圆盘大小，以叉子戳洞后冷冻约 20 分钟。切割为适当大小，一片放入冷冻【杏仁馅】，外围刷上蛋汁后盖上另外一片千层派皮，表面刷上【蛋液】并用竹签划出纹路。

5. 以 180°C 烤 40 分钟，取出撒上糖粉续烤 10 分钟至上色即可。

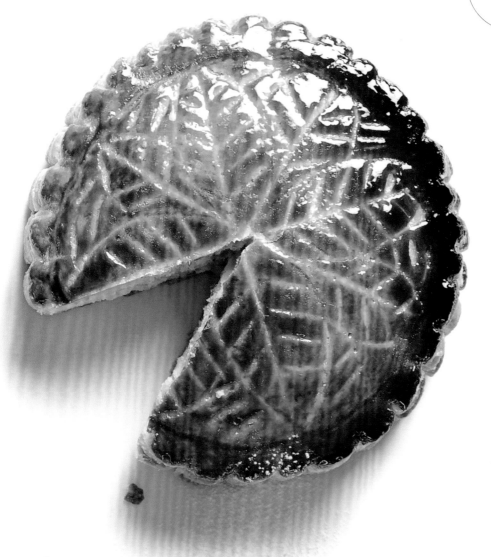

经典国王派

这是冬日末的相遇。金色皇冠犹如和煦的阳光，温暖芬芳的杏仁香，宣告春天即将来临。切开后，禁不住流露出的法式优雅和甜香，能轻易地收买任何戴上皇冠的幸运儿。

北海道炼乳戚风蛋糕

炼乳粉饰了质朴的风味，与草莓一唱一和，让人抛开冬天日落的孤寂。心绪犹如初尝爱恋的滋味，随着纷飞的糖霜起舞，些许苦涩的柠檬皮衬托着甜蜜，这是我与味蕾间心动的暧昧。

材料 / 克　　　7 英寸戚风模 1 个

蛋糕体

蛋清	75
细砂糖	35
蛋黄	30
北海道炼乳	适量
柠檬皮	少许
植物奶油	25
低筋面粉	45
香草荚酱	适量

奶香糖霜

牛奶	适量
北海道炼乳	1~2 滴
糖粉	35

组合与装饰

草莓	适量

基本做法

蛋糕体

1. 蛋黄、香草荚酱、北海道炼乳、植物奶油与柠檬皮拌匀。
2. 细砂糖分次加入蛋清中打发。
3. 取 1/2 蛋清加入做法 (1) 拌匀，加入过筛粉类拌匀，最后加入剩余蛋清拌匀。
4. 入模，以 170℃ 烤 20 ~ 22 分钟。

奶香糖霜

全部材料拌匀即可。

组合与装饰

将【奶香糖霜】淋于【蛋糕体】之上，以切片草莓装饰表面即可。

戚风蛋糕的外形以烟囱状的模型制作最为经典，而戚风蛋糕模型不需要做任何的预先处理，只要清洗干净后擦干即可使用。待蛋糕出炉后，要将烤模倒扣于室温冷却，等降温至手可以直接拿起时，就可以脱模了。

英式酒渍樱桃鲜奶油

香浓带点白兰地香气的鲜奶油，为充满英式氛围的午后展开了序曲，樱桃果酱也跟着沉溺在卡士达设下的浪漫陷阱中，加入微沸的牛奶，让"美好"有了不同的体验，仅只一口，却是从此上瘾的理由。

材料 / 克　　 30ml/ 杯约 10 杯

樱桃果酱		卡士达		组合与装饰	
水渍樱桃	80	细砂糖	10	海绵蛋糕	一块
水渍樱桃汁	少许	蛋黄	1 个	打发鲜奶油	60
白兰地	30	玉米粉	3	薄荷叶	适量
细砂糖	80	香草荚酱	2 滴		
		牛奶	145ml		
		鲜奶油	15ml		

基本做法

樱桃果酱

先将水渍樱桃、水渍樱桃汁、白兰地还有细砂糖煮过，去除酒精顺便调味，放凉备用。

卡士达

1. 细砂糖、蛋黄、玉米粉、香草荚酱和少许牛奶搅拌均匀。
2. 另一部分牛奶加热至煮沸，趁热一边搅拌一边倒入做法 (1) 中，过滤后再用干净的锅子一边搅拌一边加热至浓稠即可，放凉备用。

组合与装饰

先将海绵蛋糕置于杯底，依序装入【樱桃果酱】、【卡士达】与打发鲜奶油，以薄荷叶与剩余的樱桃装饰即可。

 TIPS

为了要留下樱桃果酱的香甜，此配方使用海绵蛋糕作为基底，为了就是要吸收果酱的风味，但也可以使用现成的饼干，捏成小块状后加入。为了在视觉上看到每一层干净的分层，要随时保持杯壁干净，组合时可以使用裱花袋，比较方便操作。

树莓白雪脆片布朗尼

隐藏在舌尖里的探索，时而浓郁，时而甜蜜，在交错的味觉中展开冒险，调皮的鲜奶油香缇让巧克力甘纳许有了游戏的理由，当皑皑白雪飘落后，每一口宛如梦境，让人忘了置身的现实。

材料 / 克   6 英寸方形慕斯框 + 铝箔纸

蛋糕体

核桃	40	香草荚酱	适量
无盐黄油	100	苦甜巧克力	100
细砂糖	65	中筋面粉	35
盐	少许	树莓果粒	适量
全蛋	85		

组合与装饰

白巧克力脆片	适量
可可粉	适量

表面巧克力酱

鲜奶油	80
葡萄糖浆	15
苦甜巧克力	70
无盐黄油	10

基本做法

蛋糕体

1. 核桃以 160°C 烤至有香气，并将面粉过筛备用。
2. 无盐黄油、细砂糖和盐打发。
3. 全蛋、香草荚酱加入做法 (2) 拌匀。
4. 将苦甜巧克力融化后拌入做法 (3)。再加入粉类拌匀，最后放入核桃和树莓果粒。
5. 将做法 (4) 倒入模型，以 170℃ 烘烤 20 ~ 25 分钟。

表面巧克力酱

鲜奶油、葡萄糖浆加热后再放入苦甜巧克力及无盐黄油拌匀。

组合与装饰

将【表面巧克力酱】淋于【蛋糕体】上，以白巧克力脆片与可可粉装饰即可。

 TIPS

核桃烘烤时以 150℃烘烤 15 分钟即可，中间要不时地翻动。烤过的坚果加进蛋糕体中，可以让坚果的香气充分释放，还可以延长保存期。

草莓奶油蛋糕卷

一期一会的甜蜜时光，用马斯卡邦芝士酱搭配草莓，献上满满的心意，卷起这一季的缤纷，用过筛的糖粉从容掩饰刻意躲藏的华丽，只为了给在乎的人留下永生难忘的霎那。

材料 / 克 　　长方形烤盘 (35 厘米 ×25 厘米 ×3 厘米)1 个

蛋糕体

蛋黄	105	无盐黄油	15
细砂糖 (1)	10	牛奶	30
蜂蜜	25		
低筋面粉	60		
蛋清	160		
细砂糖 (2)	50		

马斯卡邦芝士酱

马斯卡邦芝士	125
细砂糖	25
炼乳	20
打发鲜奶油	150

表面巧克力酱

糖粉	适量
草莓	适量

基本做法

蛋糕体

1. 先将无盐黄油、牛奶保持温热备用。
2. 将蛋黄、细砂糖 (1) 和蜂蜜充分打匀，拌匀至呈淡黄色再加入过筛低筋面粉。
3. 蛋清拌打至无蛋清，先加入第一次砂糖，拌打至蛋清变细流状，再加入第二次砂糖，拌打至蛋清更细致，加入最后一次砂糖，拌打至钢盆里的蛋清能反扣不掉即可。
4. 取 1/3 做法 (3) 和做法 (2) 混合拌匀，再加入另外 2/3 做法 (3) 混合拌匀，再取适量的面糊与做法 (1) 混合倒入有烤纸的烤盘抹平。
5. 预热 200℃，入炉后转成 180℃烤 9 ~ 12 分钟。

马斯卡邦芝士酱

将所有材料混合即可。

表面巧克力酱

将【蛋糕体】涂上【马斯卡邦芝士酱】，在【蛋糕体】1/4 处摆上草莓后卷起，表面撒上糖粉。

 TIPS

马斯卡邦芝士的风味清爽，除了加入适量的炼乳增添风味之外，也可以搭配香草荚，使味道的层次更丰富。

牛轧糖

按下时光机回到充满童趣的片刻，不断持续麦芽糖顽皮的小游戏，直到坚果仁、杏仁粒、夏威夷豆发出嘎嘎作响的愉悦，贪婪的食欲也跟着欢呼，即使是一个人独处的时光，也充满着高低起伏的精彩剧情，这是日复一日的小日子里我与自己的美味游戏。

材料 / 克　　　　**总重约 1700 克**

抹茶夏威夷豆牛轧糖		伯爵红茶杏仁牛轧糖	
水麦芽	600	水麦芽	600
海藻糖	150	海藻糖	100
水	165	细砂糖	150
细砂糖	100	盐	适量
盐	适量	蛋清	50
蛋清	50	无盐黄油	150
无盐黄油	150	伯爵红茶粉	5
奶粉	130	奶粉	150
抹茶粉	20	伯爵红茶叶	10
夏威夷豆	500	水	300
		杏仁粒	500

基本做法

抹茶夏威夷豆牛轧糖

1. 夏威夷豆需先烤过保温备用。
2. 水麦芽、海藻糖、水、细砂糖和盐煮滚至120℃后，开始打蛋清。当糖浆煮至温度130 ~ 135℃时，冲入打发蛋清中，再将无盐黄油、奶粉、抹茶粉分次加入拌匀。
3. 将夏威夷豆加入拌匀，倒入平盘揉压、擀平。
4. 降温后切块包装即可。

伯爵红茶杏仁牛轧糖

1. 杏仁粒需先烤过保温备用。
2. 水和伯爵红茶叶煮成红茶液备用。
3. 水麦芽、海藻糖、水、细砂糖和盐煮滚至120℃后，开始打蛋清。当糖浆煮至温度130 ~ 135℃时，冲入打发蛋清中，再将无盐黄油、伯爵红茶粉、奶粉分次加入拌匀。
4. 将杏仁粒加入拌匀，倒入平盘揉压、擀平。
5. 降温后切块包装即可。

February | 2月

爱情狂享曲

初春的季节，回望第一次浅尝爱恋时的热烈，回想那些有关爱的得失，一路走来，皆是收获。心碎或欢欣，当时纯真的灵魂都在时刻提醒我们不要忘记诚心寻觅真爱的初衷。所有甜蜜的美味下，隐藏着不同爱情的故事，浓郁的肉桂气息，蓝纹奶酪的独特经典，柠檬与野莓的适宜酸甜，每一道都是令人久久难忘的佳作。和你的爱情一样，随着时间的流动，两个人牵着彼此的手，体验着每一段爱恋风味，那是永生不忘的最美丽的背影。

{ 培根芝士面包盅 }

一朵朵如烟的云朵漫漫飘过，田中的丰收已被采摘，灌溉的溪水从老树根涌出流到草地上去，仿佛赤足踩在田野土壤上那般舒适，咸淡适中的柔嫩内馅，带着满溢的新鲜时蔬，以金黄的面包盅温柔地包裹起这样的滋味，如对广阔大自然的壮丽丰饶真心歌颂；咬下一口，闭眼享受此时满足的口欲，赞叹这个季节的精彩。

材料 / 克　　约 6 颗

第一次搅拌		第二次搅拌		内馅	
高筋面粉	55	高筋面粉	35	马铃薯	150
细砂糖	13	低筋面粉	20	胡萝卜	30
酵母粉	1.7	奶粉	3	培根	2 片
全蛋	11	盐	1.3	玉米	30
水	65			美乃滋	适量
		第三次搅拌		粗黑胡椒粉	适量
		无盐黄油	15		

装饰材料

全蛋液	适量
比萨丝	适量
干燥香芹	适量

 基本做法

1. 将一次搅拌材料于不锈钢盆搅拌 3 分钟。

2. 加入二次搅拌材料搅拌成团后，于桌上揉 5 分钟。

3. 于面团内中加入无盐黄油，抓揉至油脂吸收后，于桌上揉和。

4. 滚圆后放入发酵盆包上保鲜膜发酵 40 分钟。

5. 分割滚圆后中间发酵 15 分钟。

6. 面团擀开，放入【内馅】，成型后放入烤盘，做最后发酵 20 分钟。

7. 表面刷上全蛋液并撒上比萨丝，以 180℃ 烤 15 分钟，出炉后撒上干燥香芹装饰。

内馅

马铃薯跟胡萝卜蒸熟或煮熟，培根切丁炒熟，将所有材料趁热拌匀即可。

TIPS

如果没有搅拌机，可以将面团的材料分成三次搅拌，第一次加入一半的粉类、糖、酵母以及液体，使酵母与糖先开始作用，第二次加入剩余的粉类与盐，揉制成团，最后加入油脂。这个小秘诀，可以节省力气，让面团更容易揉和均匀。

材料 / 克　　　| 小塔模约 6 颗 |

塔皮		奶酪蛋汁	
无盐黄油	60	牛奶	55
细砂糖	25	红糖	20
盐	1	细砂糖	20
全蛋	15	芝士片	1 片
芝士粉	3	奶油奶酪	35
杏仁粉	6	鲜奶油 (1)	30
低筋面粉	90	鲜奶油 (2)	130
		蛋黄	45

基本做法

塔皮

将无盐黄油、细砂糖和盐拌匀，慢慢加入全蛋后，再加入过筛粉类混合拌匀。将塔皮捏入塔模，冷冻备用。

奶酪蛋汁

将牛奶、红糖、细砂糖、芝士片、奶油奶酪与鲜奶油 (1) 煮至糖与芝士融化后，冲入鲜奶油 (2) 及蛋黄拌匀并过筛备用。

组合

将【奶酪蛋汁】倒入【塔皮】，以上火 230° C/ 下火 210° C，烤 25 分钟，即可完成。

TIPS

在奶酪蛋汁中加入芝士片，是为了增添奶酪的层次，也使蛋塔本身更容易上色。配方中因追求细致的口感，所以添加鲜奶油以及蛋黄，若做给长者或孩童吃，可以将其换成鲜奶以及打散的全蛋，口感上会更加轻盈。

德式布丁

把刚烤好的小巧的德式布丁就这么放在深蓝的丹宁围裙上，奶酪蛋汁形成的晶莹亮光，似花和叶在阳光里摇曳，即使冷却凋萎也能成美味的真理。一个个布丁俨然一朵朵有香气的云朵降落在温暖的熊熊炉火旁，虽有过程和曲折，奶油的馨香依然，没有迷路，只是安歇。

03
February

苦甜巧克力慕斯

如果珠宝不能打动你的心，那么一块充满着爱情苦涩与甜蜜滋味的慕斯蛋糕可以吗？这其中有我365日里浓烈的思念，揉和着遇见你时的悸动，想见而无法见时的寂寞，尝一口，我的心意便一点一滴表露，言语早已无法形容，爱情如何使人疯狂，而你如何不经意地占据我心。

材料 / 克　　　| 3 英寸空心慕斯模 6 个 |

鲜奶油	200	蛋清	2 颗
明胶片	1.5 片	细砂糖	15
苦甜巧克力	200	打发鲜奶油	200ml
蛋黄	2 颗	草莓	适量
白兰地	15ml	蓝莓	适量
饼干粉	75	薄荷叶	适量
无盐黄油	30		

基本做法

1. 将 1/2 鲜奶油与明胶片隔水加热至融化，再加入剩余鲜奶油与苦甜巧克力隔水加热拌匀后离火，最后加入蛋黄与白兰地拌匀。
2. 饼干粉和无盐黄油拌匀平铺于模型底层。
3. 蛋清和细砂糖打发，和打发鲜奶油、做法 (1) 拌匀后入模，冷藏定型。
4. 脱模后以草莓、蓝莓与薄荷叶做装饰。

 TIPS

作为烘焙材料的巧克力，一般分为调温型及非调温型两种，在制作巧克力慕斯时，为了柔滑的口感，建议使用调温型的巧克力，若是要制作装饰表面的巧克力饰片则可以使用非调温型的巧克力，会比较好操作。

{ 树莓奶酪巧克力蛋糕 }

鲜奶油混合着百利甜酒，带点焦糖奶香，令人迷醉的爱情滋味是恋人间不言而喻的小秘密，这一口流露的美好，缩短了心跳的距离，耳畔间的誓言或谎言已不重要，在齿颊间留下的是爱情曾经驻足的甜蜜痕迹。

 材料 / 克　　　6 英寸慕斯圆框 1 个

饼干底		树莓果酱		巧克力芝士	
饼干粉	75	树莓果泥	100	奶油奶酪	200
核桃	10	细砂糖	60	酸奶	40
无盐黄油	35	柠檬汁	6ml	全蛋	70
		果胶粉	3.5	细砂糖	50
				鲜奶油	45
				苦甜巧克力	70
				可可粉	12
				百利甜酒	15ml

基本做法

饼干底

饼干粉、核桃和无盐黄油混均匀，放入模型底部冷藏备用。

树莓果酱

树莓果泥加入细砂糖，煮滚后加入柠檬汁，煮至浓稠后，最后加入果胶粉。

巧克力芝士

1. 奶油奶酪打软与酸奶拌匀，依序加入全蛋及细砂糖拌匀备用。
2. 鲜奶油与苦甜巧克力混合隔水融化后，加入过筛可可粉拌至无干粉后再与做法 (1) 混合均匀，最后加入百利甜酒。

组合

1. 取 1/2【巧克力芝士】倒入【饼干底】，再加入【树莓果酱】，最后再倒入 1/2【巧克力芝士】。
2. 以 160 ~ 170℃隔水蒸烤 30 ~ 40 分钟即可。

 TIPS

树莓果酱要煮到非常浓稠，在锅中时，以刮刀画过锅底时，果酱不会立刻填满缝隙的程度才算完成。因其作用为填入面糊中做夹馅，若不够浓稠，可将果酱装入较小的慕斯框中冷冻，夹馅时不会因其水分太多而沉到底部。

材料 / 克　　约 10 颗

裸麦液种		主面团			
T55 面粉	192	T55 面粉	1344	无盐黄油	38
裸麦粉	384	盐	38	核桃	576
葡萄球菌	适量	蜂蜜	96	葡萄干	192
		酵母	14		
		水	768		

基本做法

裸麦液种

将液种材料混合均匀，室温发酵 16 ~ 18 小时 (室温 25 ~ 28°C)。

主面团

1. 将【裸麦液种】和材料 T55 面粉至水部分全部加入搅拌至光滑，再加入无盐黄油搅拌至扩展，最后切拌入核桃、葡萄干。

2. 基本发酵 60 分钟，翻面 30 分钟。

3. 分割整形为橄榄型，中间发酵 25 分钟。

4. 整形，最后发酵 50 分钟。

5. 以上火 210℃ / 下火 200℃，烤 15 ~ 18 分钟。

 TIPS

裸麦中含有高膳食纤维，可以帮助肠胃消化，其风味带一些酸味，不宜添加太多，否则会影响面包的体积与口感。

裸麦核桃

没有华丽的外衣，无法让你一眼惊艳，也没有带着强烈存在感，让你毫不犹豫地想要占有的
欲望，但当你拨开他的内心，丰富的内在与质地，让你开始感受陪伴的温暖。也许只要一杯
热茶，扎实的口感就能支撑每个被疲劳轰炸的时刻。

威灵顿牛排

橄榄油在热锅中起舞，等待一块完美的牛排的加入，烤箱预热 220℃，高温让酥皮依附在鲜嫩多汁的肉排上变得秀色可餐，准备开始一场美味的盛宴，淋上鲜奶与高汤收至浓稠后的酱汁，令味蕾彻夜狂欢。

材料 / 克　　　 1 人份

菲力牛排	225	蛋黄	150
口蘑	250	鲜奶油	少许
去皮蒜瓣	1 ~ 2 个	高汤	少许
熟糖炒栗子	5 ~ 6 个	帕马森芝士	少许
培根	1 片	无盐黄油	适量
酥皮 (16 厘米 x16 厘米)	2 张	盐	适量
蛋液	适量	胡椒	
	1 个		

基本做法

1. 首先将平底锅烧热，放入菲力牛排，让牛排表面快速煎上色锁住肉汁，静置放凉。

2. 先取一部分口蘑和熟糖炒栗子稍微切小，以食材调理机打碎，再用无盐黄油炒熟后放凉。

3. 烤箱预热至 220℃备用。

4. 将培根卷在牛排上，放于一张酥皮上，将口蘑泥铺在牛排上方，再将另一张酥皮盖上，两张酥皮接合处涂抹少许蛋液，把多余的皮切掉后用叉子压边。

5. 最后涂上蛋黄，用小刀背划上花纹入炉，烤至酥皮呈现金黄酥脆就完成了。

6. 酱汁：将事先预留的口蘑切成薄片炒过，加入鲜奶油跟高汤稍为浓缩用盐、胡椒调味，关火后加入帕玛森芝士搅拌至均匀即可摆盘。

 TIPS

煎菲力牛排时，要将平底锅烧到很热，快速的肉汁锁住，放凉冷却。再以酥皮包起的食材都要确实的放冷，不然酥皮中的油脂遇热融化后就不会有层次了。包好的威灵顿牛排可以先以保鲜膜包紧，冷藏静置 1 小时，这样可以帮助牛排定型。

巴巴

朗姆风味的果糖浆渗入了灵魂深处，吸满浓厚的酒香，湿润而入口即化是为饕客们设下的迷魂阵，不管是法国人或是欧洲人都着迷于它多变的口感，这浑身酒气的浪漫，竟让人甘于流连忘返而迷失了方向。

材料 / 克　　　　杯子蛋糕模约 10 个

baba 蛋糕体		朗姆酒水液		组合与装饰	
面粉	125	水	100ml	鲜奶油	100
赤砂糖	12	赤砂糖	40	砂糖	11
盐	1	深色朗姆酒	30ml	糖粉	适量
无盐黄油	38			蓝莓、草莓	适量
酵母	1.25				
鸡蛋	1 颗				
蛋黄	1 颗				

 基本做法

蛋糕体

1. 将糖、盐、无盐黄油、酵母、面粉与一半的鸡蛋放入搅拌机中，以中高速搅拌到面团生热。

2. 将剩余一半的鸡蛋分次加入搅拌机与面团搅拌均匀，并充分地产生筋性后停止搅拌，并静置发酵 30 分钟。

3. 将所有模具内层刷上无盐黄油。

4. 挤捏出发酵后的面团放入模具，每颗约 20 克重。

5. 放入模具中的面团第二次发酵约 15 分钟。

6. 将所有模具放入 200℃烤箱中烤 15 分钟，接着烤盘转向再烤 5 ~ 10 分钟或直到上色为止，取出后放凉（或可直接冷冻，使用前常温退冰 30 分钟）。

朗姆酒水液

1. 水煮开。

2. 砂糖放让入滚水中，充分搅拌让砂糖融化后冷却备用。

3. 将朗姆酒加入糖水中即可。

组合与装饰

蛋糕体放入酒水液中浸泡，以打发鲜奶油（鲜奶油、砂糖打发）、糖粉、莓果装饰。

08
February

马斯卡邦可可开心果常温蛋糕

洁净的天使落入凡尘，绵密、细致，恬淡的香气几乎让人忘了存在感，入口的瞬间释放出无比温柔，犹如天使低语的祈祷。无论是可可粉还是开心果酱，百搭的马斯卡邦芝士依旧顺口。

 材料 / 克　　长形蛋糕模 (21 厘米 x7 厘米 x6 厘米)1 个

无盐黄油	130	泡打粉	3
细砂糖	85	低筋面粉	65
杏仁粉	40	开心果酱	20
蜂蜜	20	马斯卡邦芝士	30
全蛋	130	可可粉	6

🥄 基本做法

1. 无盐黄油打软加入细砂糖打发，加入杏仁粉、蜂蜜拌匀。

2. 全蛋分次加入拌匀，再加入过筛低筋面粉、泡打粉拌匀。

3. 将做法 (1)，分成 3 等份，分别与开心果酱、马斯卡邦芝士、可可粉拌匀。

4. 依序将开心果面糊、马斯卡邦面糊、可可面糊倒入模型，以180℃ 烤35 ~ 40分钟。

 TIPS

为了要使三层的面糊不要混合，在入模时必须依照指定的顺序，否则在加热时，面糊中心会向上澎起，三色的界线就会变得不明显了。

{ 柠檬乡村面包 }

面团躲进藤篮后泛起一圈圈的涟漪，揉合杏仁片及核桃，扎实朴质的风味咀嚼着淡淡柠檬的香气，粗犷的外表，却有着无比厚实的口感，慰藉饥肠辘辘的早晨，带来一天满满的能量。

 材料 / 克　　　| 500 克 / 颗 约 5 颗 |

T55 面粉	1200	黄油	48
盐	24	杏仁片	120
蜂蜜	120	核桃	480
酵母	12	柠檬皮	3 颗
水	816	器具	藤篮 1 个

基本做法

最后发酵需要藤篮，一颗面团约 500 克可做 5 颗。

1. 除核桃、杏仁片、黄油外的食材一起搅拌至光滑后加入黄油，搅拌至【扩展】转【完成】阶段时即可切拌入核桃、杏仁片，拌匀即可。

2. 进行【基本发酵】30 分钟，翻面 30 分钟，成圆形或椭圆形都可，约 6 ～ 7 寸。

3. 将发酵好的面团分割为一颗 500 克，面团分割滚圆后进行【中间发酵】，【整形】完成后进行【最后发酵】45 分钟。

4. 以上火 220℃ / 下火 200℃，烘烤 25 ～ 30 分钟。

 TIPS

乡村面包除了搭配一般抹酱以外，也很适合搭配白酒一起品尝～

{ 芝士口蘑面包 + 明太子法式面包 }

咸香味涌现海洋的气息，赋予法式面包全新的灵魂，解放自由的意志不再受限，直到芝士口蘑浓厚的味觉让人有了停留的理由，一口面包，一口时尚，每一个面包都存在着让人选择的理由。

 材料 / 克　　　约 2 颗 / 约 12 条

芝士口蘑面团

高筋面粉	80
盐	1.5
细砂糖	10
奶粉	2.5
新鲜酵母	3
蛋黄	4
水	45
无盐黄油	15

芝士口蘑内馅

口蘑	15
葛瑞尔芝士	10
乳酪丁	10

明太子酱

明太子	100
柠檬汁	15
美乃滋	30
无盐黄油	适量

明太子法式面包

高筋面粉	300
T55 面粉	200
盐	10
细砂糖	10
酵母	4
无盐黄油	10
水	340

基本做法

芝士口蘑面包

1. 高筋面粉、盐、糖和奶粉混合均匀。
2. 加入新鲜酵母、蛋黄和水，先以低速搅拌 4 分钟，再以中速搅拌 2 分钟。
3. 加入无盐黄油，以低速搅拌 3 分钟，再以中速搅拌 2 ~ 3 分钟，至扩展阶段。
4. 面团加入口磨、葛瑞尔芝士、乳酪丁。
5. 基本发酵 60 分，翻面 30 分钟。
6. 分割为 2 个；松弛 20 分钟。
7. 以 210°C 烤 12 分钟。

明太子法式面包

1. 将所有面粉、盐和细砂糖混合均匀。
2. 加入酵母、无盐黄油和水，先使用低速搅拌 6 分钟，再以中速搅拌 2 ~ 3 分钟。
3. 基本发酵 60 分钟，翻面 30 分钟。
4. 分割为每颗 70 克，松弛 20 分钟。
5. 整形，最后发酵 40 ~ 50 分钟。
6. 以 230℃ 烤 15 分钟。
7. 出炉后，再涂上【明太子酱】。

明太子酱

将所有材料混合拌匀即可。

树莓沙布列醇浓奶酪蛋糕

找一个悠闲的午后，自己动手捏好塔皮，拌一盆酸奶奶酪内馅，酥脆的沙布列塔皮，让绵密浓郁的白奶酪蛋糕有了不同以往的层次。一酥一软的口感搭配，如魔鬼之舞一般挑逗着味蕾；奶酪中因为添加了酸奶而显得更加滑嫩清爽，与莓果酱的酸甜滋味融合为一体，吃一口莓红的奶酪蛋糕，天使的微笑随之舒展。

材料 / 克　　　**6 英寸模 1 个**

沙布列塔皮		奶酪内馅		综合莓果酱	
无盐黄油	40	奶油奶酪	250	树莓果泥	100
细砂糖	60	酸奶	100	细砂糖	50
低筋面粉	80	细砂糖	75	水麦芽	10
杏仁粉	15	蛋黄	1 个	综合莓果粒	20
蛋	30	蛋	1 个	明胶片	1 片
		香草荚酱	适量		
		玉米粉	30		
		柠檬汁	10ml		
		鲜奶油	100		

 基本做法

沙布列塔皮

1. 无盐黄油、粉类、细砂糖混合均匀后加入蛋液拌匀入模。

2. 以 170 ~ 180℃烤 15 ~ 25 分钟。出炉后冷却备用。

奶酪内馅

奶油奶酪打软后依序加入其余材料拌匀，倒入模型中，以 160 ~ 170℃烤 30 ~ 40 分钟。

综合莓果酱

1. 树莓果泥加入细砂糖、水麦芽、综合莓果粒至锅中，煮至橡皮刮刀画线不回流。

2. 稍微冷却后加入泡软的明胶片。

3. 降温后将果酱装饰于蛋糕表面即可。

 TIPS

浓厚的奶酪蛋糕有多种品尝方式，可以热的时候享用，品尝起来细致柔滑，也可以在冰冻的时候吃，吃起来就像雪糕一般。

{ 巧克力芝士慕斯裸蛋糕 }

天使与魔鬼不断地拉扯着意志，那是一场华丽的赌注，各自占据理智与浪漫的一半，不断剥离残存的自我意识，抑止不住地狂想，凭借着芝士攀爬，一丝不苟的美味偏执，纯粹的食欲主张。

 材料 / 克　　　6 英寸海绵模 1 个

巧克力黄金戚风

细砂糖 (1)	7	蛋黄	50
盐	1	低筋面粉	40
植物奶油	30	玉米粉	10
水	55	泡打粉	1
牛奶	15	蛋清	80
可可粉	22	细砂糖 (2)	40
苏打粉	1		

芝士慕斯

奶油奶酪	110
细砂糖	20
麦芽糖	5
牛奶	35
明胶片	4
白巧克力	10
柠檬汁	5
打发鲜奶油	110

可可酥菠萝

红糖	70
盐	1
高筋面粉	70
可可粉	20
杏仁粉	6
无盐黄油	60

内馅

水渍樱桃	10 颗

基本做法

巧克力黄金戚风

1. 先将细砂糖 (1)、盐、植物奶油、水和牛奶煮滚，加入可可粉、苏打粉拌匀煮滚。
2. 再加入蛋黄拌匀，再加入过筛粉类拌匀备用。
3. 蛋清打发，将细将砂糖 (2) 分 3 次加入，打至八分发。
4. 先取 1/3 做法 (3) 与做法 (2) 先混合拌匀，再将面糊倒回做法 (3) 内混合拌匀，倒入模型。
5. 以上火 180℃ / 下火 160℃烤约 20 分钟，再以上火 160℃ / 下火 180℃烤 8 ~ 13 分钟。

芝士慕斯

先将奶油奶酪、细砂糖、麦芽糖和牛奶放入锅中煮滚，再加入泡软的明胶片、白巧克力和柠檬汁混合拌匀降温至约 20 ~25℃再与打发鲜奶油混合，放入冷藏约 30 分钟。

可可酥菠萝

将红糖、盐、高粉、可可粉和杏仁粉混合，再慢慢加入无盐黄油，拌成砂粒状倒入烤盘，以 150℃ 烤 35 分钟 (先烤 15 分钟，其后每 10 分钟翻拌一次，共 2 次后即可出炉)。

组合

蛋糕横剖为 3 份。于第一片蛋糕抹上 1/3 的【芝士慕斯】，盖上第二片蛋糕后再抹上【芝士慕斯】，放上水渍樱桃，盖上第三片蛋糕，抹上【芝士慕斯】，最后撒上【可可酥菠萝】。

经典巧克力榛果奶油慕斯塔

这一望无垠的白色的海，是以鲜奶油与榛果糖浆一起营造而成的雪白世界。辽阔的天宇静止在上空，以巧克力画成的条纹犹如来回波动的水纹，纯真的心灵可以在此相聚，开心果是被海浪推上沙滩的绿色小石，糖炒榛果粒则是自远方漂流而来的贝壳，再用酥脆的巴瑞脆片编成小船，徜徉在这美丽的白海世界。

材料 / 克　　　6 英寸模 1 个，豆子若干

榛果塔皮

糖粉	35
盐	1
榛果粉	20
低筋面粉	80
可可粉	5
全蛋	10
无盐黄油	50

威士忌巧克力甘纳许

葡萄糖浆	10
鲜奶油	90
苦甜巧克力	120
威士忌	20

榛果奶油慕斯

明胶片	2
榛果糖浆	70
打发鲜奶油	200

瑞士炒果粒

细砂糖	150
水	60
榛果粒 (烤)	100

组合与装饰

免调温巧克力	适量
巴瑞脆片	适量
开心果碎	适量

基本做法

榛果塔皮

将所有粉类过筛混合，再加入全蛋、奶油混合拌匀成团，擀压成塔模大小以叉子戳洞放入冷藏约 30 分钟后，压上豆子以 170°C，烤 25~30 分钟；取出豆子刷上蛋液，再以 175°C，烤 15 分钟。

威士忌巧克力甘纳许

先将葡萄糖浆和鲜奶油煮热，再加入苦甜巧克力静置，最后倒入威士忌混合拌匀。

榛果奶油慕斯

先将明胶片隔水加热融化，与榛果糖浆混合，最后加入打发鲜奶油混合，入模冷冻 1 小时。

瑞士炒果粒

将细砂糖和水煮至浓稠 (滴入冷水变硬)，加入榛果粒混合，离火降温不间断地反复搅拌成雪糖状。

组合与装饰

塔皮内依序填入【瑞士炒果粒】、【威士忌巧克力甘纳许】冷藏凝固后放上【榛果奶油慕斯】周围沾上脆片后装饰即可。

 TIPS

瑞士炒果粒，是将糖煮到高温后，在短时间内快速搅拌，使糖结晶，榛果外披覆着粗粒结晶的糖衣。

Rosemary
Rosmarinus officinalis

Woodruff

Thymus
thymus

March 3月

好 味 春 日 市 集

充满温暖的手作西点，缤纷甜蜜的节庆蛋糕，在面包的天然麦香中激荡出的新鲜口感，各国丰美精彩料理，多种不同风格的手作厨艺，齐集在如沐春风的友善环境中，如充满创意的好味市集，在此认识各国特有的精彩的糕点，以及丰富多元的饮食文化。寒冬渐远，春日正好，满山遍野的粉嫩迎风摇曳，以同样炫丽的莓果与蛋糕共舞，各具特色的酸甜滋味在口中迸发，如春光乍现般地令人惊艳，在手绘的好味春日市集，感受手作厨艺的美好。

材料 / 克　　6 英寸模 1 个

白巧奶酪蛋糕		奶酪芝士馅		草莓果冻	
无盐黄油	100	奶油奶酪	200	草莓果泥	150
细砂糖	70	马斯卡邦芝士	50	细砂糖	15
芝士粉	30	酸奶	50	明胶片	6
蛋黄	100	糖粉	50	草莓酒	8
全蛋	2 颗	明胶片	4		
白巧克力	40	打发鲜奶油	50	**组合与装饰**	
鲜奶油	40			打发鲜奶油	适量
高筋面粉	30			开心果碎	适量
低筋面粉	85			薄荷叶	适量
泡打粉	2			酒渍樱桃	适量

基本做法

白巧奶酪蛋糕

1. 无盐黄油、细砂糖与芝士粉打至微发后加入蛋黄与全蛋拌匀。

2. 鲜奶油和白巧克力融化后加入做法 1 拌匀，再加入过筛粉类拌匀。

3. 入模，以 180℃烤 15 ~ 20 分钟。

奶酪芝士馅

将奶油奶酪、马斯卡邦芝士、酸奶和糖粉打软后加入融化的明胶片，最后加入打发鲜奶油即可。

草莓果冻

草莓果泥加热后加入细砂糖拌均，再加入泡软的明胶片拌匀，最后加入草莓酒，入模冷冻备用。

组合与装饰

【白巧奶酪蛋糕】上涂抹【奶酪芝士馅】并放上【草莓果冻】，以其他装饰材料装饰即可。

春恋白巧奶酪蛋糕草莓果冻

亲爱的访客，你带着花束来到，我将这个装饰成花园般的蛋糕送给你。入口即化的草莓软冻，娇艳红润的酒渍樱桃，高雅的微酸中带着浓郁香气的奶酪芝士内馅，你欣然而美丽地笑了。

蜜桃香柠酸奶蜂蜜慕斯蛋糕

煮着滚热砂糖的锅子里，放入几片切片的新鲜甜桃，不知是谁融合了谁，桃子变得晶亮，而糖有了红润的面貌。简单的白色慕斯带着酸奶的清爽和蜂蜜的甜香，衬搭的饼干底透着杏仁碎的坚果香，把上了妆的桃子铺排成一朵花的形状，这个充满生命力的蛋糕正热烈地对我们说着：停滞的尽头即是静止，而完美的尽头却是无穷。

材料 / 克　　　6 英寸模 1 个

饼干底		内馅		糖煮桃子	
饼干粉	80	牛奶	70	水	200
杏仁碎	10	细砂糖	40	细砂糖	50
无盐黄油	50	奶油奶酪	85	柠檬汁	少许
		酸奶	85	香草荚酱	少许
		蜂蜜	25	甜桃	2.5 颗
		柠檬汁	10		
		明胶片	5		
		鲜奶油	100		

基本做法

饼干底

饼干粉、杏仁碎与无盐黄油拌匀后压入模型备用。

内馅

牛奶、细砂糖与奶油奶酪拌匀后，再加入酸奶、蜂蜜与柠檬汁，最后拌入泡软的明胶片和打发鲜奶油。

糖煮桃子

水、细砂糖、柠檬汁、香草荚酱与切片甜桃煮开备用。

组合

于【饼干底】中倒入【内馅】，冷藏至凝固后脱模，表面排上【糖煮桃子】装饰即可。

 TIPS

经过糖煮的水果，除了可以增加甜味以外，还可使每一个水果的甜度一致。因为煮完的桃子要放在蛋糕表面装饰，所以只要煮到桃子的外缘呈现微微透明状即可。而在挑选时也要注意，要选择果肉脆硬的品种，比较方便切块也比较耐煮。

布丁草莓慕斯蛋糕

牛奶与香草荚酱煮至香气四溢，加入泡软的明胶片、樱桃白兰地后，人见人爱的奶油草莓布丁正式登场。

材料 / 克　　　6 英寸模 1 个

手指蛋糕体		樱桃巴伐利亚奶油布丁		草莓慕斯	
蛋黄	40	细砂糖	30	草莓果泥	100
细砂糖 (1)	20	蛋黄	20	细砂糖	20
香草荚酱	适量	牛奶	80	明胶片	1.5
蛋清	70	香草荚酱	适量	柠檬汁	10
细砂糖 (2)	40	明胶片	2.5	草莓酒	10
低筋面粉	60	樱桃白兰地	10	鲜奶油	130
糖粉	适量	鲜奶油	100		

组合与装饰	
镜面果胶	适量
草莓	适量
蓝莓	适量

基本做法

手指蛋糕体

1. 蛋黄、细砂糖 (1) 与香草荚酱打发至微白。

2. 细砂糖 (2) 分次加入蛋清中打发。

3. 做法 (1)、做法 (2) 与过筛低筋面粉拌匀。

4. 挤出成形后撒上糖粉，以 180℃烘烤 10 ~ 12 分钟。

樱桃巴伐利亚奶油布丁

1. 蛋黄与细砂糖拌匀。

2. 牛奶与香草荚酱煮至冒烟，冲入做法 (1)，回煮至浓稠后再加入泡软的明胶片、樱桃白
   兰地与打发鲜奶油拌匀。

草莓慕斯

草莓果泥与细砂糖煮至冒烟糖融，加入泡软的明胶片、柠檬汁、草莓酒与打发鲜奶油。

组合与装饰

将【手指蛋糕体】围入慕斯圆框中，依序倒入【草莓慕斯】、【樱桃巴伐利亚奶油布丁】
与【草莓慕斯】，表面以草莓与蓝莓装饰，涂上镜面果胶即可。

盐渍樱花抹茶蛋糕卷

微风轻轻吹拂飘来的樱花香，令人忘却整日烦忧。盐渍樱花采用开了五分到七分的樱花制成，收藏春意，让春天延长了赏味期限，把抹茶粉烘成草地，妆点深粉的重瓣樱花，躲进抹茶蛋糕的怀抱里，用滑顺的奶油细心呵护着，就着丰沛的阳光，举办一场甜甜的赏樱会！

材料 / 克 长方形烤盘 (35 厘米 x25 厘米 x3 厘米)1 个

蛋糕体

蛋黄	60	抹茶粉	6	
全蛋	50	植物奶油	20	
细砂糖 (1)	45	香草荚酱	少许	
蛋清	100	牛奶	20	
细砂糖 (2)	40			
低筋面粉	55			

夹馅

奶油奶酪	50
鲜奶油	150
糖粉	35
朗姆酒	10

组合与装饰

蜜红豆粒	适量
盐渍樱花	3 朵
镜面果胶	适量

 基本做法

蛋糕体

1. 粉类先过筛备用。
2. 蛋黄、全蛋与细砂糖 (1) 打发至微白。
3. 蛋清加细砂糖 (2) 打发。
4. 先取 1/2 蛋清加入做法 (2) 中拌匀，加入低筋面粉、抹茶粉拌匀后，续将剩下 1/2 蛋清加入拌匀。
5. 加入植物奶油、牛奶和香草荚酱，搅拌均匀。
6. 以 180 ~ 190℃ 烤 10 ~ 12 分钟。

夹馅
于不锈钢盆中依序加入所有材料搅拌打发即可。

组合与装饰
将【夹馅】抹入【蛋糕体】，放上蜜红豆粒后卷起，于表面点上盐渍樱花，涂上镜面果胶即可。

TIPS

为了保存樱花的美丽的样子，最方便的做法就是用盐将樱花腌渍，不但可以保存樱花的颜色还可以延长保存期限。若是要直接食用，可以将盐渍樱花在水中清洗掉盐分，以纸巾轻轻地擦拭，要装饰时以吹风机慢慢吹干即可使用。

奶油餐包

松软、充满弹性的奶油餐包是随和百搭的好面包，不管是英式红茶或是咖啡都能轻松地驾驭，没有过多的味觉负担，每一趟的味觉旅程都因为它的陪伴而尽兴。

 材料 / 克　　　45 克 / 颗，约 5 颗

法国面包粉	120	牛奶	18
盐	1	酵母	1.2
蜂蜜	9.5	老面	12
水	65	无盐黄油	9.5

基本做法

1. 将所有材料，除了无盐黄油之外，全部加入搅拌至光滑，再加入无盐黄油搅拌至完成阶段。

2. 基本发酵 60 分钟。

3. 分割为一颗 45 克。

4. 整形成圆形，最后发酵 50 分钟。

5. 以上火 210℃ / 下火 190℃，烤 8 ~ 12 分钟。

当面包中的油脂含量越高，越容易阻挡面筋的产生，且会影响酵母的活力，所以通常在制作奶油量较高的面团时，搅拌的时间会比较长，也需要更大的力气，但完成的面团会更有包覆力，会比较适合添加其他的副食材。

杏仁一口酥

久远熟悉的味道成为不断追逐想念的回味，放上烤熟的杏仁粒后，酥脆绵密的口感让人赞叹，意犹未尽地一口接着一口，沾着牛奶食用，更让隐藏版的风味透着白色的奶香被勾勒出更多可能，而那些可能的想象都成了饶富趣味的餐桌冒险。

 材料 / 克　　　约 15 片

低筋面粉	100	无盐黄油	60
糖粉	30	牛奶	适量
杏仁粉	50	杏仁粒 (烤)	15 颗
苏打粉	1		

基本做法

1. 将材料低筋面粉至无盐黄油混合拌匀，分割为每颗 15 克。
2. 于表面刷上牛奶，放上烤熟的杏仁粒。
3. 以 150°C 烤 20 ~ 22 分钟。

 TIPS

面团完成后，可以先搓成圆柱状，放入冷藏静置 30 分钟，再分割，面团会比较不粘手。最后刷上牛奶的部分，也可以使用蛋清或全蛋，表面刷上蛋清，烤出来的成品表面会呈现透明状，而刷上全蛋的话，完成的成品则会呈现金黄色。

薄饼夹心酥

薄薄一片，奶香味浓厚却令人爱不释口，让人理智沦陷的白巧克力馅，狠狠抛开数字压力的束缚，施展酸甜浓香各种层次的风味后，再回归原味，偶尔的放纵不过就是为了成为更完美的自我。

 材料 / 克　　　25 个

薄饼夹心酥

无盐黄油（融化）	90	鲜奶油	15
糖粉	75	低筋面粉	90
全蛋	30	玉米粉	25
香草荚酱	适量		

白巧克力馅

白巧克力	95
无盐黄油	30

基本做法

薄饼夹心酥

1. 糖粉、全蛋、香草荚酱与鲜奶油混匀后再加入融化的无盐黄油拌匀。

2. 加入过筛粉类拌匀，挤出为 6 厘米长条状，以 180°C 烤 10 ~ 13 分钟。

3. 放凉后夹入【白巧克力馅】即可。

白巧克力馅

先将无盐黄油打软，再加入融化的白巧克力。

 TIPS

喜欢口味上的变化的话可以在挤好的饼干面糊上撒上一些坚果碎，或是在内馅中夹入果酱等增加风味。挤制好的面糊，不需太在意高度、形状，因为在烘烤时，面糊受热后会向四周摊开，所以只需注意挤花的尺寸即可。

{ 全麦蜂蜜芝麻 }

切开后便听见蜂蜜芝麻的呢喃，在细致分布的孔洞中，寻找流逝的青春时光，咀嚼在齿间嬉戏的黑芝麻，香气四溢，没有过多的装饰，以质朴的内涵换取你的真心，才发现"简单"才是耐久的真谛，愈嚼愈香是全麦蜂蜜芝麻的"魅力"。

材料 / 克　　约 3 条

液种面团		主面团			
T55 面粉	69	T55 面粉	115	水	46
全麦粉	46	盐	5	老面	35
水	115	蜂蜜	35	无盐黄油	12
		酵母	2	芝麻	10

基本做法

液种面团

将液种材料混合均匀，室温发酵 16 ~ 18 小时 (室温 25 ~ 28° C)。

主面团

1. 将【液种面团】和 T55 面粉、盐、蜂蜜、酵母、水、老面全部加入揉至光滑，再加入无盐黄油揉至【扩展】转光滑，切拌加入芝麻。

2. 【基本发酵】60 分钟，翻面 60 分钟。

3. 分割滚圆，【中间发酵】20 分钟。

4. 整形后，【最后发酵】45 分钟。

5. 以上下火 200℃烤 15 ~ 18 分钟。

 TIPS

发酵的时间会因为气候、温度而改变，所以制作时可以再适时的调整。

焦糖白巧克力酥

撒上糖粉粉饰那些过于平凡的真实，淋上融化的白巧克力后华丽变身，沾上开心果碎与南瓜子碎后，那些独处的孤寂从此销声匿迹，成为炙手可热的甜点。

材料 / 克　　　约 25 片

派皮		组合与装饰	
无盐黄油 (冰)	112	糖粉	适量
高筋面粉 (冰)	100	白巧克力	适量
低筋面粉 (冰)	50	开心果碎	适量
细砂糖	5	南瓜子碎	适量
盐	2.5		
冰水	75		

基本做法

派皮

1. 先将材料无盐黄油至盐混合，以切面刀将奶油切为小丁状，再加入冰水成团，冷藏 30 分钟。

2. 取出做法 (1)，先擀压 3 折 2 次冷藏 30 分钟；再擀压 3 折 2 次冷藏 30 分钟，续擀压 3 折 1 次冷藏 15 分钟，最后擀压 3 折 1 次冷藏 15 分钟。

3. 将面团擀开为约 19 厘米 x 27 厘米的大小，表面戳洞，冷冻约 10 ~ 15 分钟。

组合与装饰

1. 【派皮】以 180° C 烤 20 分钟后调头，再以 180° C 烤 25 分钟。

2. 冷却后切分为 6 厘米 x3 厘米的大小，撒上糖粉，再入炉烤至表面上色。

3. 淋上融化白巧克力、沾上开心果碎与南瓜子碎即可。

在制作饼干的派皮时，通常会以快速折叠法制作，烘烤出来的成品比较松脆，但却比较不容易呈现层次，这样的做法适合用在饼干或是小点心中。在第二次烤时，只需将撒上糖粉的派皮移到烤箱上层。烤至糖融化就可以出炉了，因为派皮的余温会使表面的糖液更上色。

{ 杏仁酥条 }

酥香脆响的杏仁酥条是饕客们自得其乐的小游戏，密布的杏仁碎粒透着淡淡的杏仁香，入口的瞬间，有种无法言喻的快感，释放了压抑在灵魂底下的忧郁。

 材料 / 克　　　约 25 片

派皮		杏仁糖霜		组合与装饰	
无盐黄油 (冰)	112	蛋清	25	杏仁碎 (生)	适量
高筋面粉 (冰)	100	细砂糖	25		
低筋面粉 (冰)	50	糖粉	25		
细砂糖	5	杏仁粉 (烤)	50		
盐	2.5				
冰水	75				

基本做法

派皮

1. 先将材料无盐黄油至盐混合，以切面刀将奶油切为小丁状，再加入冰水成团，冷藏 30 分钟。

2. 取出做法 (1)，先擀压 3 折 2 次　冷藏 30 分钟；再擀压 3 折 2 次冷藏 30 分钟，续擀压 3 折 1 次冷藏 15 分钟，最后擀压 3 折 1 次冷藏 15 分钟。

3. 将面团擀开为约 19 厘米 x 27 厘米的大小，表面戳洞，冷冻约 10 ～ 15 分钟。

杏仁糖霜

所有材料混合拌匀备用。

杏仁酥条

1. 【派皮】表面抹上【杏仁糖霜】，沾满杏仁碎，切割为每个 3 厘米 ×9 厘米。

2. 以 175° C 烤 20 ～ 25 分钟。

 TIPS

完成的派皮在抹上杏仁糖霜前，可以先在派皮上均匀地打洞，这是因为奶油中的水分受热后会产生水蒸气，将面团向上推，所以要戳孔洞排出蒸气，抑制派皮的层次向上推升，使面团变形，这样派皮才能适当且均匀地膨胀。

芝士胡萝卜杯子蛋糕

龟兔赛跑中贪吃的兔子为了香浓的芝士胡萝卜杯子蛋糕而忘了赴约，沉溺在自我陶醉的白日梦中不可自拔，当胜负不再是影响尊严的包袱后，即使为了美味停留，也能成为忠于自己的理由。

材料 / 克　　蛋糕纸杯 10 个

蛋糕体

全蛋	50	苏打粉	1
红糖	65	泡打粉	2
海盐	少许	肉桂粉	少许
香草荚酱	少许	胡萝卜丝	35
植物奶油	75	菠萝丁	75
鲜奶油	20	核桃（熟）	35
中筋面粉	95		

奶酪酱

奶油奶酪	200
细砂糖	50
酸奶	15
牛奶	15

组合与装饰

杏仁膏	适量
红色与绿色色素	适量

基本做法

蛋糕体

1. 将全蛋、红糖、海盐和香草荚酱混合拌打至无糖颗粒，再慢慢加入植物奶油、鲜奶油混合抖匀，再加入所有粉类、胡萝卜丝、菠萝丁和核桃拌匀。
2. 挤入耐烤纸杯，每杯约 35 克。
3. 以 165° C 烤 25 分钟。

奶酪酱

将所有材料混合拌匀。

组合与装饰

1. 将杏仁膏染色后捏整为胡萝卜状。
2. 将【奶酪酱】淋于【蛋糕体】上，摆上杏仁膏胡萝卜做装饰。

 TIPS

切成丝的胡萝卜，除了增加香气外还可以增添口感。

{ 可颂面包 }

来自维也纳的"弯月"纪念着荣耀的传说，连法国皇后玛丽安都为之倾倒，是法国人难以抗拒的当红早餐，一杯咖啡，一个可颂就可以开始巴黎人的一天。外皮酥脆，内层质地松软，口感层次分明，奶香的余韵即使吃完了都令人回味再三。

材料 / 克 　　约 10 颗

T55 面粉	190	蛋	19	芝士片	143
盐	3	水	78		
细砂糖	19	老面	19		
酵母	3	无盐黄油	140		
牛奶	29				

基本做法

1. 前一晚先将材料 T55 面粉至老面部分，全部加入搅拌至光滑，再加入无盐黄油搅拌至【扩展】阶段，冷藏基本发酵。

2. 展开压延裹入芝士片，3 折 1 次，再 3 折 2 次，冷冻 30 分钟，再 3 折 3 次，冷冻 30 分钟，展开、【整形】，【最后发酵】90 分钟。

3. 以 210℃ 烤 20 分钟即可完成。

 TIPS

可颂的操作温度大约是 18℃，若在家制作，可以准备一个大平盘，装满冰块，冰镇桌面，这样就可以延长操作的时间。

蜂蜜柠檬生奶酪鲜果蛋糕

捧在手心上的珍宝，是花与蜜蜂的秘密，涂抹了一层又一层蜂蜜柠檬慕斯及百香果蛋白霜，创造出绮丽的童话森林，点缀的红醋栗果粒与开心果碎是春神刻意留下的记号，让往返的旅人不至于迷醉而找不到返家的路。品尝第一口时，便收到春神捎来的讯息，春心荡漾。

材料 / 克 　　6 英寸慕斯圆模 1 个

蜂蜜指型蛋糕		柠檬生奶酪慕斯		柠檬奶油		百香果蛋白霜	
蛋黄	50	细砂糖	40	全蛋	35	百香果果泥	30
蜂蜜	25	牛奶	25	细砂糖 (1)	13	芒果果泥	30
细砂糖 (1)	10	蛋黄	25	玉米粉	1	意大利蛋白霜粉	60
蛋清	110	马斯卡邦芝士	150	柠檬汁	25	**组合与装饰**	
细砂糖 (2)	50	明胶片	5	细砂糖 (2)	10	红醋栗果粒	适量
低筋面粉	55	柠檬汁	10	无盐黄油	27	开心果碎	适量
玉米粉	5	打发鲜奶油	200				
		柠檬皮	适量				

 基本做法

蜂蜜指型蛋糕

1. 蛋黄、蜂蜜和细砂糖 (1) 拌打至糖融呈乳白色。

2. 蛋清和细砂糖 (2) 打发，与做法 (1) 混合，再加入过筛粉类混合拌匀。

3. 装入裱花袋，挤出两片 5 英寸大小的螺旋圆形蛋糕片与长条形围边，撒上糖粉后，
   以 200℃ 烤 12 ~ 15 分钟。

柠檬生奶酪慕斯

将细砂糖、牛奶和蛋黄混合，煮至约 82℃ 后过筛，依序加入泡软的明胶片与打软的马斯卡
邦芝士混合，待稍降温再加入柠檬汁和打发鲜奶油混合拌匀，最后加入柠檬皮混合即可。

柠檬奶油

全蛋、细砂糖 (1) 与玉米粉充分混合拌匀，将柠檬汁和细砂糖 (2) 煮滚，冲入回煮后过筛，
降温后慢慢加入软化奶油拌至充分乳化。

百香果蛋白霜

所有材料混合，拌打至 8~9 分发。

组合与装饰

围边及底部放入【蜂蜜指型蛋糕】，先抹入【柠檬奶油馅】，并倒入 1/2【柠檬生奶酪
慕斯】，再放上【蜂蜜指型蛋糕】片，倒入剩余的【柠檬生奶酪慕斯】，挤上【百香
果蛋白霜】，以喷枪炙烧使蛋白霜上色，最后装饰即可。

{ 贝壳千层 }

在拿坡里几乎每间甜点店都可以见到它的身影，它是 17 世纪修道院修女美丽的错误，因为舍不得丢弃材料而制作的创意小点，跨越百年的演进而改采用千层酥皮替代，也因其外形华丽成为拿坡里经典的甜点之一。

 材料 / 克　　　 15 个

饼皮		馅料			
高筋面粉	1000	里科塔芝士	250	香草荚	适量
水	380 ~ 400	糖	60	柳橙皮	适量
盐	20	蛋	1 个		
		柳橙汁	100		

基本做法

1. 高筋面粉放入搅拌缸中，加入盐，启动机器后将水倒入，慢速将面粉与水打成无法黏合但呈现小块状的粉块。

2. 粉块倒出至工作台，将粉块以揉捏方式捏和成面团，放入真空袋中抽真空放入冰箱内 2 小时。

3. 面团自冰箱取出后静置回温，接着以擀面棍将面团擀成整齐的面皮，折叠后再擀过，重复此动作三次。

4. 面团分切成整齐片状，表面抹上少许猪油，以擀面机将面皮滚薄，重复动作至 5 号厚度。将面团分批擀薄并接合在一起卷上擀面棍。

5. 面皮拉开一小段，薄薄抹上一层猪油，开始卷起直到将所有面皮用尽，整形后将面皮放入冰箱一天。

内馅
将所有材料混合均匀即可。

组合
将面团切为 1.5~2 厘米厚的圆片后，慢慢由中心向外捏塑成椎状后包入内馅，以 210℃ 烘烤 15 ~ 20 分钟即可。

成形外皮时，手要慢慢地向下施力，避免一次用力过猛，使面团的层次无法呈现。

奶油微笑蛋糕

日剧《减肥反弹》里，甜点师傅太一为女主角设计了切面是开心笑脸的瑞士卷，这里采用这个令人微笑的设计来烘烤重奶油杏仁蛋糕！当面糊在温暖的烤箱里渐渐膨松时，里面包裹的杏仁膏变成了上扬的嘴角，揉进面团的可可粉成了弯弯的眼睛，用圆圆笑脸和浓浓杏仁甜香抚慰偶尔的寂寞，这是基础蛋糕工法的创意重现！

材料 / 克　　| 长形蛋糕模 (21 厘米 x7 厘米 x6 厘米)1 个

奶油	100	蛋黄	70	蛋清	90
砂糖	40	鲜奶油	25	砂糖	45
盐	1	中筋面粉	110	杏仁膏	30
海藻糖	15	泡打粉	2	可可粉	适量
香草豆荚酱	2				

基本做法

1. 先将杏仁膏擀长约 20 厘米。
2. 先将奶油及香草豆荚酱打发至乳白色，再慢慢加入鲜奶油乳化，再慢慢倒入蛋黄，最后再加入过筛的中筋面粉与泡打粉。
3. 将粉类、蛋清与砂糖打发至硬性发泡，与做法 2 混合。
4. 将一半面糊倒入烤模内，放上做法 1 平均撒上少许可可粉，再倒入另一半面糊。
5. 以上下火 175℃ 烘烤 25 分钟即可调头。
6. 然后再以上下火 175℃ 烘烤 8 ~ 12 分钟调头插针确认后即可出炉。

 TIPS

杏仁膏在搓长时若是会粘手，可以以刮板辅助，或是在桌面铺上保鲜膜，就可以防止粘连。

April | 4月

味蕾秘密花园

世界喧喧闹闹，日常里总有些许情感起伏，纵然如此，我们还是愿意相信人性的自然良善，每个人的心中，一定都有一座充满美好魔法的秘密花园。手绎愿以手作的温暖与感动，与您携手寻找通往心灵花园的那把钥匙。我们相信，改变的魔法源自于坚强的心灵，只要以善良的养分灌溉，就可产生无法想象的神奇力量，以手作甜点为钥匙，满满诚挚心意是开启花园大门的动力，带着充满创意与时令果实的经典创意点心，我们在这座花园，一起等待欢乐的夏日来临。

材料 / 克　　约 12 个

杏仁泡芙体		抹茶卡士达		香缇鲜奶油	
牛奶	125	细砂糖	80	鲜奶油	400
水	125	玉米粉	32	细砂糖	32
盐	3	蛋黄	5 颗		
无盐黄油	115	牛奶	400	**组合与装饰**	
高筋面粉	70	香草荚酱	适量	抹茶粉	适量
低筋面粉	70	无盐黄油	20		
全蛋 (1)	250	抹茶粉	20		
全蛋 (2)	适量				
杏仁碎	适量				

基本做法

杏仁泡芙体

1. 锅中放入牛奶至无盐黄油等材料，加热至沸腾后离火，加入过筛粉类拌匀，以拌炒方式加热至锅底出现薄膜。
2. 倒入钢盆稍微降温，分次加入全蛋 (1) 搅拌至完全乳化。
3. 放入裱花袋挤至烤盘上，刷上全蛋 (2)，撒上杏仁碎，以 190°C 烤 30 分钟。

抹茶卡士达

1. 取 1/2 细砂糖和玉米粉拌匀，再加入蛋黄拌匀。
2. 牛奶加入香草荚酱和剩余的 1/2 细砂糖，加热至沸腾前倒入做法 (1) 中拌匀过筛，回煮至浓稠后离火。
3. 加入无盐黄油拌匀，冷却后拌入过筛抹茶粉。

香缇鲜奶油

鲜奶油加入细砂糖打至九分发后备用。

组合及装饰

杏仁泡芙切半后挤入抹茶卡士达及香缇鲜奶油，表面撒上抹茶粉即可。

抹茶卡士达泡芙

月亮在夜里转动它梦的圆盘，那些醒目的星星借着你的眼睛与我相望，如此刻手中的法式小点心：圆形的躯壳，以淡绿的抹茶与纯白的香缇相组合，如大自然中一抹最和谐的田野风景。流泻出的温润甜蜜，咬下一口就能填补心灵的空洞。那滋味似一种未知的语言在寂静的口中跳跃奔腾，又似在树林间奏鸣的管弦乐，高雅清甜、韵味袅绕。

材料 / 克　　　2 份

面团		蔬菜料			
铁塔法印粉	200	洋葱	2 颗	小番茄	适量
盐	4	黄甜椒	1 颗	香菇	适量
细砂糖	6	红甜椒	1 颗	绿花椰菜	适量
新鲜酵母	6	芦笋	适量	新鲜香芹	适量
水	136	小玉米	适量		
无盐黄油	16				

 基本做法

1. 铁塔法印粉、盐、细砂糖混合均匀。

2. 加入新鲜酵母、水、无盐黄油，慢速搅拌 3 分钟，中速搅拌 3 分钟，再慢速搅拌 3 分钟，最后以中速搅拌至扩展阶段。

3. 基本发酵 60 分钟。

4. 翻面，中间发酵 30 分钟。

5. 分割，松弛 20 分钟。

6. 整形，最后发酵 50 分钟。

7. 放上汆烫过后的蔬菜料，以 180℃烤 15 分钟。

 TIPS

正统的法国面包只有面粉、水、盐、酵母四种材料，因为无糖无油所以法国面包的表皮硬脆，而在法国面包的面团中添加少量的糖与油就可以就可以让面包变得比较柔软，再搭配其他的蔬菜一起食用时才不会咬不动！

蔬菜法式面包

法式面包的均匀孔洞，丰盛缤纷的蔬菜填铺其上，新鲜的汁液从汆烫过的蔬菜中淌流而出，如牧羊人古老的蜂蜜；在瓜果间来回穿梭，让面包的滋味多了大自然的鲜甜；那美味如航行过喉中甜蜜之域的船只，御风而行、随心所欲。不必在意某些微焦的角落，那是一份纯然手作的印记，精灵在其中歌唱，舞动着晶莹的翅膀，绕着月亮飞翔。

佛伦提娜比萨

佛伦提娜如一片宁静的湖泊，因斑斓的阳光照耀而显得波光粼粼，炉火为湖水的表面涂抹了一层淡淡的颜色，浮萍般的绿色蔬食点缀其间，而充满红色番茄的拿坡里酱汁，白色如羽毛的帕马森芝士，轻飘飘地降落在湖心与岸边。属于意大利的特有美味融化在嘴里，经由品尝者的渴望，如蜡烛点燃于正午，如雪片溶失于大海。仿如眼里的一颗珍珠，为了不失去，人们将不再哭泣，并能大声宣告：如果金色的阳光有一天停止了耀眼的光芒，你一个满足的微笑，也能照亮我的世界。

材料 / 克　　　8英寸5个

比萨面团		拿坡里式番茄酱汁		佛伦提娜比萨	
高筋面粉	350	橄榄油	15ml	菠菜	250
低筋面粉	175	洋葱	55	蒜头	12
水	175	胡萝卜	50	葡萄籽油	25ml
冰块	75	西洋芹	42	番茄酱汁	适量
盐	12	番茄碎	625	调和芝士	125
新鲜酵母	3.5	月桂叶	1 片	培根	37
橄榄油	25	意大利香料	1	盐	3
		盐	2	鸡蛋	1 颗
		糖	11	帕马森芝士	50

基本做法

比萨面团

1. 面粉、水及冰块均匀混合于钢盆内备用。

2. 将剩余材料混合后，加入钢盆内搓揉至出筋，至表面光滑后，分割150克整形备用。

拿坡里式番茄酱汁

1. 将蔬菜料与意大利香料以橄榄油依序低温炒香后，加入番茄碎与调味料，炖煮约60分钟后起锅，取出月桂叶。

2. 以果汁机将酱打成慕斯状放凉备用。

佛伦提娜比萨

1. 煮水将菠菜烫熟挤出多余水分，加入蒜碎、葡萄籽油混合备用。

2. 取面团擀开至8英寸大小，依序铺上其他的食材后，放入烤箱。

3. 以220℃烤约10分钟，出炉后刨上帕马森芝士即完成。

 TIPS

佛伦提娜比萨最有特色的地方就是比萨上的半熟蛋，若是希望蛋熟一点，则可以先将蛋煮成水波蛋再放在比萨上烤，而若是比较喜欢软嫩一点的蛋，可以在先将比萨烤3分钟再将蛋打在比萨上回烤，简单又方便。

{ 小怪兽番茄芝士鸡肉汉堡 }

两片面包组合而成的怪兽,有肉料与食蔬调合成的丰盛内料,让孩子们感到好奇。或许是鸡肉和培根的香气吸引他们张开大口咬下,逐渐消失的小怪兽换来了他们脸上开心的笑容。

 材料 / 克　　　3 份

汉堡包		汉堡夹料	
高筋面粉	105	美乃滋	10
低筋面粉	25	鸡胸肉	3 片
奶粉	5	培根	4 片
酵母	2	小黄瓜	1/2 条
细砂糖	15	番茄	2 颗
全蛋	16	芝士片	1 片
盐	1.5	海苔片	1/2 片
水	65	火腿片	1 片
无盐黄油	12	意大利面条	2 根

基本做法

汉堡包

1. 将所有材料揉匀，发酵 30 ~ 40 分钟。

2. 将面团分割成每个约 60 克，滚圆发酵 30 ~ 40 分钟。

3. 以 180°C 烤 8 ~ 10 分钟。

汉堡夹料

1. 烫熟鸡胸肉、烤熟培根，将小黄瓜及牛番茄切片。

2. 将汉堡包切开，依序先挤入美乃滋，夹入烫熟鸡胸肉、烤熟培根、小黄瓜片及番茄片。

3. 以芝士片、海苔片、火腿片与切为滚刀块的小黄瓜用生面条固定装饰为小怪兽状即可。

 TIPS

可以多加利用手边的食材来帮忙，例如：再放上小怪兽的五官时可以利用一点点的美乃滋来固定。若是不想花时间制作配件，也可以用番茄酱及巧克力酱画上各式配件，很适合亲子同乐。

 材料 / 克　　　6 英寸模 1 个

蛋糕体		野莓果酱		白奶酪慕斯	
全蛋	2 个	树莓果粒	250	法式白奶酪	90
细砂糖	60	细砂糖	100	细砂糖	50
香草荚酱	少许	水麦芽	20	鲜奶油	220
低筋面粉	65			樱桃白兰地	10ml
无盐黄油	25	**组合与装饰**			
		酒糖液	适量		
		杏仁碎（烤过）	35		
		树莓粉	适量		

 基本做法

蛋糕体

1. 全蛋加入细砂糖及香草荚酱隔热水打发，再加入过筛的面粉与融化无盐黄油拌匀。

2. 入模，以 170℃烤 25 ~ 30 分钟。

野莓果酱

所有材料放入锅中煮至浓稠即可。

白奶酪慕斯

法式白奶酪加入细砂糖拌匀，加入鲜奶油打发，最后加入樱桃白兰地。

组合与装饰

【蛋糕体】对切，拍上酒糖液，中间放入野莓果酱。表面抹上【白奶酪慕斯】，四周沾上烤过的杏仁碎，撒上树莓粉装饰。

TIPS

制作果酱，将树莓果粒与细砂糖混合放置一晚，能缩短熬煮时间；熬煮过程有杂质要捞掉，果酱才会透明。

法式白奶酪树莓慕斯蛋糕

在一圈圈纯白色的梦境中，撒上树莓的粉红色绮想，让杏仁碎在国度的边界堆叠那看似不经意的一砖一瓦，直到筑起的高墙固守赤子之心，那因涂抹满满的野莓果酱而跳动的心房，有了与世隔绝的小小世界，继续做梦。

舒芙蕾蒸烤白奶酪蛋糕

再没有比安安静静却早已掳获人心来得有心机，酸酸甜甜的味道提醒着爱情曾经悄然的来访，在对方尚未察觉便转身离去，那是黄柠檬屑微微酸涩的记忆。

材料 / 克　　　6 英寸铝模 + 盖 1 个

柠檬皮	半颗	无盐黄油 (融)	20	蛋黄	35
蜂蜜	15	牛奶	20	蛋清	50
白奶酪	145	盐	1	细砂糖 (2)	25
酸奶	25	细砂糖 (1)	10	黄柠檬皮屑	适量
柠檬汁	5	低筋面粉	25		

基本做法

1. 将柠檬皮、蜂蜜、白奶酪、酸奶、融化的无盐黄油与柠檬汁混合备用。

2. 将牛奶、盐、细砂糖 (1)、低筋面粉和蛋黄混合，隔水加热至浓稠 (约 80℃) 后与做法 (1) 混合。

3. 蛋清和细砂糖 (2) 打至五分发，续与做法 (2) 混合，入模。

4. 烤箱预热 200℃，入炉后以 180℃隔水蒸烤 (冰块水)40 ~ 50 分钟。

5. 出炉后撒上黄柠檬皮屑即可。

TIPS

在蒸烤的过程中，会产生大量的蒸气，若是温度过高，蛋糕会膨胀得太快，表面容易产生裂痕，再烘烤 15 分钟后可以每 10 分钟将烤箱门打开，让水蒸气散失一些，但每次打开门的幅度不可以过大，若是一下温差太大蛋糕就会回缩。

夏威夷榛果饼

夏威夷豆遇见苦甜巧克力后，独角兽在深蓝色的夜空中展开翅膀带着我们飞翔，越过只有星星和月亮看见的另一个世界，那是太阳不曾看过的高山与低谷，还有海浪在夜晚对着月亮和星星低语，尝过了这世界的美味，味蕾的旅行一站站都有美好的记忆。

 材料 / 克　　　约 15 片

无盐黄油	85	可可粉	10
细砂糖	50	榛果粉	5
盐	1	泡打粉	1
全蛋	25	夏威夷豆	35
低筋面粉	90	苦甜巧克力	15

基本做法

1. 将无盐黄油、细砂糖、盐拌匀，慢慢加入全蛋混合，再加入过筛粉类拌匀，最后加入夏威夷豆、巧克力混合，冷藏 10 ~ 15 分钟，分割为每颗 20 克压平。

2. 以 170°C 烤 15 ~ 20 分钟。

 TIPS

分割测量确实，饼干大小才会一致；压平饼干放一张烤纸，用另一烤盘或平底盘子平均向下压，一致厚薄度。

香烤蔓越莓苹果酥

意大利人的母亲喜欢用苹果酥热情款待来客，色彩缤纷的蔓越莓干，飘散着刚烤出来的肉桂香气，让人还没有享用便有了愉悦的心情，轻轻咬下便发现了苹果丁的踪迹，感受意大利人满满的热情。每每想念那一天的人与物，我便开始手作，纪念那个阳光满溢的异国午后。

 材料 / 克　　8 英寸 3 个

饼皮 / 酥粒		蔓越莓苹果馅		组合与装饰	
低筋面粉	250	苹果	4 颗	糖粉	20
无盐黄油	130	蔓越莓干	100		
细砂糖	65	红糖	50		
奶粉	30	香草荚酱	10		
鸡蛋	1 颗	肉桂粉	3		

基本做法

饼皮 / 酥粒

1. 取部分低筋面粉、无盐黄油、细砂糖和奶粉、鸡蛋轻轻拌匀成【饼皮】面团后，静置 30 ~ 40 分钟。

2. 将剩下的低筋面粉、无盐黄油、细砂糖，快速搓成小颗粒状的【酥粒】备用。

蔓越莓苹果馅

小火热锅，加入苹果丁、蔓越莓干、红糖、香草荚酱、肉桂粉慢炒至软，取出备用。

组合与装饰

1. 【饼皮】入模，加入【蔓越莓苹果馅】并铺上【酥粒】。

2. 入炉以 180°C 烤 35 分，最后于表面撒上糖粉。

 TIPS

酥粒以塔皮的食材做延伸制作，运用广泛、做法简单，只需注意黄油不要融化，制作好的酥粒可以冷冻保存。

{ 花形奶酥、咖啡松子酥饼 }

酥饼是女孩们闲话家常的良伴，一口接着一口，时间在酥饼掉落的粉屑中跳跃着，嬉闹的时光掉进了奶茶或者咖啡的漩涡中，轻啜一口，拯救叽叽喳喳忙碌不曾停歇的嘴，带着满足的微笑暂歇片刻。

 材料 / 克   各约 20 个

花形奶酥

无盐黄油（软）	75	糖粉	30	低筋面粉	50
盐	适量	蛋清	11	高筋面粉	37
香草荚酱	适量	蛋黄	15	奶粉	7

咖啡松子酥饼

无盐黄油（软）	65	咖啡粉	1	伯爵茶粉	5
红糖	21	白兰地	1	牛奶巧克力（切碎）	13
细砂糖	21	低筋面粉	67	耐烤巧克力	13
盐	2	泡打粉	2	松子	适量
全蛋	21				

基本做法

花形奶酥

1. 将盐与香草荚酱加入无盐黄油中打软，再加入糖粉混合。
2. 慢慢加入蛋清与蛋黄混合拌匀，最后加入过筛粉类混合拌匀至无干粉状。
3. 以花嘴挤出成型，以上下火 150℃烤 20 ～ 25 分钟。

咖啡松子酥饼

1. 白兰地与咖啡粉混合备用。
2. 将无盐黄油、红糖、细砂糖与盐打发再慢慢加入全蛋与做法 (1) 混合拌匀，再加入过筛粉类混合拌匀至无干粉状，加入牛奶巧克力混合拌匀。
3. 以花嘴挤出成型并摆上松子，以上下火 150℃烤 20 ～ 25 分钟至松子上色即可。

 TIPS

奶酥饼干的软硬度可使用蛋清来调整。加热时只要松子开始上色就要准备出炉，烤到金黄冷却后松子会过焦。

全麦无花果

将无花果及坚果揉进面团中，不仅口感扎实，就连外在也妆点了南瓜子、葵花籽、亚麻籽及燕麦片等对于健康加分的食材，不得不承认是一颗兼顾了视觉与味觉的健康面包，它能够在忙碌的生活中为食用者加油打气。

材料 / 克 　约 12 个

主面团

法国粉	1169	南瓜子 (烤)	83
盐	33	酒渍蔓越莓干	167
蜂蜜	250	酒渍葡萄干	167
酵母	9		
水	417	**液种面团**	
豆浆 (无糖)	250	全麦粉	334
无盐黄油	134	T55 面粉	167
酒渍无花果	334	水	501
杏仁片 (烤)	83	酵母	0.1

表面装饰

葵瓜籽	适量
南瓜子	适量
亚麻籽	适量
燕麦片	适量
裸麦粉	适量

基本做法

液种面团

将液种材料混合均匀，室温发酵 16 ~ 18 小时 (室温 25 ~ 28° C)。

主面团

1. 将【液种面团】和材料法国粉至豆浆部分，全部加入搅拌至光滑，再加入无盐黄油搅拌至完成阶段，即可拌入酒渍果干及坚果。

2. 基本发酵 60 分钟，翻面 60 分钟。

3. 分割，中间发酵 25 分钟。

4. 最后整形，最后发酵 45 ~ 50 分钟。

5. 表面沾裹多种坚果，以 200℃烤 15 分钟。

 TIPS

无花果干的外皮较硬，可以在制作前 3 天开始泡酒，这样完成的面包口感才会一致。

树莓白巧双层慕斯樱桃蛋糕

只想用树莓白巧双层慕斯樱桃蛋糕表白，即使没有与生俱来的浪漫，也期望入口即化的双层慕斯能完整表达属于爱情里的浪漫与理智，勾勒出家的线条轮廓，然后你终于能懂得我执着于你的理由，那些从没提起、藏在我心灵深处的秘密。

材料 / 克　　6 英寸慕斯模 1 个

蛋糕体		白巧慕斯		树莓慕斯	
蛋清	45	鲜奶油	70	树莓果泥	90
细砂糖	45	细砂糖	10	细砂糖	24
蛋黄	30	白巧克力	50	明胶片	5
低筋面粉	45	明胶片	5	打发鲜奶油	70
		打发鲜奶油	70	酒渍樱桃	30

基本做法

蛋糕体

1. 将蛋清与细砂糖混合打发。
2. 依序将蛋黄及过筛的低筋面粉加入做法 (1) 中拌匀，入模后以 190 ~ 200℃烤约 10 ~ 15 分钟。出炉后冷却备用。

白巧慕斯

1. 鲜奶油与细砂糖混合加热至糖融化。
2. 分次加入白巧克力拌匀，稍微降温后加入泡软的明胶片，最后加入打发鲜奶油拌匀。

树莓慕斯

1. 树莓果泥与细砂糖混合拌匀后煮至冒烟。
2. 稍微冷却后加入泡软的明胶片及打发鲜奶油。

组合与装饰

【蛋糕体】→【白巧慕斯】→【树莓慕斯】

 TIPS

制作慕斯也会随着季节温差的关系，明胶片的量有时也要适当地做改动，如夏季温度高，明胶片需多增加一片或半片，而冬季就可以适当地减少用量。

芝士酸奶奶酱香蕉蛋糕

新鲜的柠檬加入了优雅的奶油奶酪，蔓延浓稠的酱汁静悄悄地移动着，直到占满了整个蛋糕的表面，纯粹又馥郁的香蕉融入其中，丰富了味道的层次，像一首缓慢的爱情诗篇，以低沉嗓音吟咏着美丽的句子。直至你白发苍苍，在炉前阅读人生，请记得取下这部诗歌，慢慢吟咏这欢乐而迷人的青春、如朝圣者般纯净的灵魂。

材料 / 克　　　8 英寸正方形慕斯框 1 个

蛋糕体

低筋面粉	100	无盐黄油	80
泡打粉	1.5	细砂糖	70
香蕉	160	全蛋	80
柠檬汁	少许	香草荚酱	适量

芝士酸奶奶酱

奶油奶酪	65
酸奶	30
细砂糖	15
柠檬汁	少许

基本做法

蛋糕体

1. 粉类过筛备用，取 1/2 香蕉与柠檬汁压成泥，另 1/2 香蕉切片备用。
2. 将无盐黄油打软后加入细砂糖打发，分次加入全蛋与香草荚酱拌匀。
3. 再加入过筛粉类与香蕉泥拌匀，入模并于表面放上切片香蕉，以 175℃烤 25 分钟。

芝士酸奶奶酱

奶油奶酪打软后加入酸奶、细砂糖拌匀，最后加入柠檬汁调味。

组合与装饰

于【蛋糕体】淋上【芝士酸奶奶酱】即可。

 TIPS

装饰或加入蛋糕体中的香蕉，都可以加入约 1 0 ml 的柠檬汁拌匀，避免香蕉氧化后变黑，影响成品的颜色。

{ 莓果白巧克力花丛夏绿蒂蛋糕 }

当爱丽丝在水果白巧克力花丛间迷路，白兔依循着线索企图找到出口，却跌入更深的梦境而无法逃离，从而继续着奇幻的童话旅程。或许我们的心里都住着一个爱丽丝，每当我们想要暂时停止成长，爱丽丝就会带我们找到内心里的奇幻梦境。

材料 / 克　　**长形蛋糕模 (21 厘米 x7 厘米 x6 厘米)1 个**

白巧克力慕斯		可可指型蛋糕		柠檬酥饼	
牛奶	35	蛋黄	25	无盐黄油	25
明胶片	2	细砂糖 (1)	15	细砂糖	25
白巧克力	65	蛋清	55	柠檬皮	3
柚子酱	30	细砂糖 (2)	30	蛋黄	10
打发鲜奶油	125	低筋面粉	20	低筋面粉	35
		可可粉	11	泡打粉	1
		糖粉	适量		

组合

芒果丁	适量
草莓	适量
蓝莓	适量

 基本做法

白巧克力慕斯

先将牛奶加热，依序加泡软的明胶片、白巧克力、柚子酱混合后，再加入打发鲜奶油混合拌匀，入模冷藏冰硬。

可可指型蛋糕

1. 先将蛋黄和细砂糖 (1) 打至糖融呈乳黄色。

2. 蛋清和细砂糖 (2) 打发，与做法 (1) 混合，再加入过筛粉类，装入裱花袋，挤为一排约 6 厘米，撒上糖粉，以 200° C 烤烘约 8~10 分钟。

柠檬酥饼

将无盐黄油、砂糖、盐和柠檬皮拌匀，再慢慢加入蛋黄混合，最后加入过筛粉类拌匀，冷藏 30 分钟后入模压平，以 170° C，烤 20~25 分钟。

组合

将【白巧克力慕斯】放于【柠檬酥饼】上后，双侧贴上裁好的【可可指型蛋糕】，摆上各种水果丁。

TIPS

慕斯加入柚子酱缓和巧克力甜腻口感清爽，其中鲜奶油遇酸有凝固现象，加入时让基底温度高于 40℃不会分离。

May | 5月

童 趣 之 味

人们对甜点的爱好，是从对吃的单纯需求中衍生而出，是一种出于天性本能，像孩子般的纯挚渴望。小时候田边的大树下抓昆虫，果园摘收丰美多汁的季节水果，迎着阳光骑着脚踏车逆风追逐……总会和玩伴们找一个绝佳地点，成为专属的夏日秘密基地。无论我们离童年多久，每每回想童年时光，总能给疲累紧绷的生活添加奇妙的放松魔法，一种魔幻瑰丽的时光归返术，就如手绎的甜点一样，质优食材搭配回归传承的手作工艺，在甜蜜芬芳的气息中，承诺了甜点该有的自然新鲜与纯净美味。

{ 粉红酸奶树莓海绵蛋糕 }

浓郁香草的香气自金黄蛋糕体里飘散，艳红的树莓因为有洁白酸奶调和，而成为疗愈人心的淡淡柔嫩粉红果馅，那样的温柔恰好抚慰了疲惫的躯体和身心。弹一首华尔兹歌颂宁静的月色，在淙淙流淌的音乐里，人们的眼睛低垂、入梦。这意境如同编织这城市中的庇护，为偶尔路过的旅人守夜。

 材料 / 克　　6 英寸慕斯框 1 个

蛋糕体				树莓香缇酸奶馅	
蛋黄	60	牛奶	20	鲜奶油	180
香草荚酱	少许	无盐黄油	30	酸奶	75
细砂糖 (1)	30	蛋清	100	细砂糖	25
蜂蜜	15	细砂糖 (2)	45	樱桃白兰地	10ml
低筋面粉	75			树莓综合莓果酱	适量

组合

树莓粉	适量

 基本做法

蛋糕体

1. 将蛋黄、香草荚酱、细砂糖 (1)、蜂蜜打发至微白，低筋面粉过筛备用，牛奶与无盐黄油保温备用。
2. 细砂糖 (2) 分次加入蛋清中打发。
3. 取 1/2 蛋清加入打发的蛋黄与低筋面粉中，交错拌匀，加入剩余的蛋清、牛奶和无盐黄油拌匀。
4. 以 190℃烤平盘 10 ~ 12 分钟。

树莓香缇酸奶馅

从鲜奶油至樱桃白兰地等材料打发，拌入树莓综合莓果酱即可。

组合

将蛋糕裁切为宽约 5 厘米的长条状，抹上树莓香缇酸奶馅，立起其中一片为中心，依序如斑马纹粘附上其余蛋糕片，使蛋糕体呈一完整圆形后，以树莓香缇酸奶馅抹面，撒上树莓粉即可。

TIPS

树莓香缇酸奶馅中的综合莓果酱，在添加前可以先将较大的果粒捞起，这样在抹面及装饰的时候比较不会影响成品的美观，操作上也会更得心应手。本次所采用的酸奶为无糖酸奶，可视个人喜好选择。

玫瑰女孩瑞士卷

切下一片柔软的蛋糕，清新美妙的滋味，奶油与牛奶散发着柔润的香味，那悠扬的法式旋律，谱写着一支支甜蜜乐曲，如同在玫瑰花酱与洁白鲜奶油做成的新鲜玫瑰内馅中融入了玫瑰烈焰般的火热情感。那样鲜明的口感，足以让海水枯竭，坚石化为尘沙，炽热地恒久地爱着这样的玫瑰女孩。

材料 / 克　　　8 英寸正方形慕斯框 1 个

蛋糕体				玫瑰馅	
蛋黄	30	蛋清	50	细砂糖	10
香草荚酱	1	细砂糖 (2)	25	打发鲜奶油	100
细砂糖 (1)	10	低筋面粉	30	玫瑰花瓣酱	10
牛奶	10	泡打粉	2		
无盐黄油	10				

组合与装饰

蓝莓	适量
食用玫瑰花瓣	适量
打发鲜奶油	适量

基本做法

蛋糕体

1. 蛋黄、香草荚酱加入细砂糖 (1) 打发至微白后加入牛奶及无盐黄油拌匀备用。

2. 细砂糖 (2) 分次加入蛋清中打发，取一半加入做法 (1) 中拌匀，续将剩下的蛋清加入拌匀。

3. 最后加入过筛粉类，以 190℃烤平盘约 10 ~ 15 分钟即可。

玫瑰馅

细砂糖与打发鲜奶油混合后，拌入玫瑰花瓣酱。

组合与装饰

于【蛋糕体】上抹入【玫瑰馅】后卷起，冷藏至定型，挤上鲜奶油，表面以蓝莓与玫瑰花瓣装饰即可。

TIPS

玫瑰花瓣不耐煮，长时间加热会成黑色，制作时先将糖加入水熬煮至浓稠再放入花瓣，加一点柠檬汁防止变色。

恋夏荔枝玫瑰慕斯蛋糕

我说不出这颗心为何如此愉悦，尽管手上沾满了面粉，想是为了那蛋糕上绽开如艳阳的美丽玫瑰吧！烘焙蛋糕时，手足都在歌唱，宛如山间流泉滑过卵石般轻快。荔枝晶冻和莓果慕斯所组成的内馅，佐以玫瑰蛋糕的清雅风味，在端上餐桌的这一刻，我们似乎拥有了一切，因这飘下的如梦花瓣！

材料 / 克 7 英寸慕斯框 1 个

蛋糕体

蛋黄	255
细砂糖 (1)	100
蛋清	320
细砂糖 (2)	141
玉米粉	30
低筋面粉	110
玫瑰酱	180

慕斯馅

奶油奶酪	357
细砂糖	180
水	72
蛋黄	126
明胶片	10
草莓果泥	250
打发鲜奶油	180

荔枝晶冻

水	540
细砂糖	110
荔枝果泥	150
柠檬汁	14
明胶片	12
橙酒	24

玫瑰镜面

镜面果胶	适量
玫瑰花瓣	适量

组合与装饰

食用玫瑰花	适量

基本做法

蛋糕体

1. 蛋黄和细砂糖 (1) 打发。

2. 蛋清和细砂糖 (2) 打发，和做法 (1) 拌匀，再加入玉米粉、低筋面粉和玫瑰酱拌匀。

3. 倒入模型，以 170 ~ 180℃ 烤 15 ~ 20 分钟。

慕斯馅

1. 奶油奶酪打软。

2. 细砂糖和水煮至 112°C，倒入蛋黄打至七分发，再将做法 (1) 和明胶片拌入。

3. 草莓果泥和打发鲜奶油拌匀。

4. 最后将做法 (2) 和做法 (3) 混合即可。

荔枝晶冻

将水煮滚后加入细砂糖、荔枝果泥，搅拌至糖融化后加入柠檬汁、明胶片和橙酒拌匀，冷藏至凝固即可。

玫瑰镜面

将镜面果胶与玫瑰花瓣拌匀即可。

组合与装饰

7 英寸慕斯圆框压出两片蛋糕体备用，取一 7 英寸慕斯圆框，放入一片蛋糕体后倒入 1/2 慕斯馅并铺上荔枝晶冻，接着倒入剩余的慕丝馅，最后涂上玫瑰镜面，以玫瑰花装饰即可。

{ 花朵盆栽造型马卡龙 }

不要局限创意，谁说马卡龙只能拥有一个样子，当马卡龙开出一朵朵红色的小花，成了赏心悦目的盆栽，在家的角落开始拥有属于它的位置，除了将它畅快地放进嘴里满足口腹之欲，也能用热情的目光灌溉那属于内心里的一朵奇幻小花。

 材料 / 克　　　20 个

红色马卡龙		内馅		咖啡食用土	
细砂糖	25	葡萄糖浆	30	水	94
蛋清粉	1	细砂糖	12	细砂糖	250
塔塔粉	1	百香果果泥	55	白巧克力	100
食用红色色粉	1	芒果果泥	55	咖啡精	15
蛋清	60	鲜奶油	60		
糖粉	120	白巧克力	260	组合与装饰	
杏仁粉	75	无盐黄油	40	纸棒	适量
				糖花	适量
				小盆栽	适量

 基本做法

马卡龙

1. 将细砂糖、蛋清粉、塔塔粉、食用红色色粉一起混合，加入蛋清打发。

2. 糖粉、杏仁粉过筛或用调理机打成细状。

3. 将做法 (1) 和做法 (2) 两者拌至一起，放入裱花袋内挤成花形。

4. 以 150℃ 烤 13 分钟。

内馅

1. 葡萄糖浆与细砂糖煮成焦糖。

2. 鲜奶油和果泥加热，加入做法 (1) 拌匀，再加入白巧克力，待融化后拌匀至降温，最后加入无盐黄油冷藏备用。

咖啡食用土

水与细砂糖煮滚至 135℃后，加入白巧克力与咖啡精搅拌至沙粒状，倒入铁盘放凉备用。

组合与装饰

于【马卡龙】中夹入【内馅】与纸棒，表面黏以小糖花，插入装有【咖啡食用土】的小盆栽内即可。

> TIPS
>
> 烤前将挤制好的马卡龙放于室温至表皮结皮，以手轻触不会沾黏在手上即可入炉烤，才可烤出马卡龙的裙摆。

{ 柠檬钻石饼干 }

在心中闪烁光芒的柠檬钻石饼干，成为纪念童年时光高挂的星辰，一闪一闪，为迷途的旅人找到方向，为失去梦想的孩子圆梦，为在现实中失去自我的生存者找回初衷。它不只是饼干，而是陪伴度过每个低潮的勇气与爱。

 材料 / 克　　　约 15 片

无盐黄油	90	低筋面粉	150
糖粉	75	泡打粉	2
全蛋	25	蛋清	适量
柠檬皮	2 个	细砂糖	适量

基本做法

1. 将无盐黄油至泡打粉等材料混合拌匀，擀成适当大小长度。

2. 包上保鲜膜，冷冻 15 ~ 20 分钟，冰硬，切为每片 0.3 ~ 0.5 厘米。

3. 表面涂蛋清、裹上细砂糖。

4. 以上下火 150℃，烤 20 ~ 25 分钟，再焖 10 分钟。

 TIPS

饼干的外圈粘上了细砂糖，为的就是要增加脆口的口感。而这样子的应用其实很多，喜欢坚果的香气可以沾上杏仁碎，若是喜欢更明显的糖粒也可以使用红糖。

{ 地瓜叶乡村面包 }

加入地瓜叶是个很有创意的想法，即使遭受质疑的目光不断，但只有不断尝试，才能为自己的创意找到出口，浓郁而散发出清新香气的乡村面包，运用台湾特有的当地食材诠释，是独创的限定版面包。

 材料 / 克　　　约 10 个

液种面团		**主面团**	
裸麦粉	165	T55 面粉	1238
全麦粉	247	盐	33
水	413	蜂蜜	83
酵母	0.1	酵母	83
		水	660
		无盐黄油	83
		地瓜叶	165

基本做法

液种面团

将液种材料混合均匀，室温发酵 16 ~ 18 小时。(室温 25 ~ 30° C)

主面团

1. 将【液种面团】和主面团所有材料，除了无盐黄油与地瓜叶之外，全部加入均匀揉至光滑，再加入无盐黄油拌至光滑，最后再拌入地瓜叶。

2. 基本发酵 60 分钟，翻面 30 分钟。

3. 中间发酵 25 分钟。

4. 分割成每颗 300 克整形放入籐篮，最后发酵 50 分钟。

5. 以上火 200℃ / 下火 190℃，烤 25 ~ 30 分钟。

 TIPS

地瓜叶有排毒、提高免疫力、改善便秘等好处，是一种非常优质天然的深色蔬菜，与手工面包结合制作，兼顾健康与口感。

综合坚果小塔

回味童年时光的美好，因为年纪小而世界变得很大很新鲜，每一口的体验都是前所未有的味觉储存，当坚果堆满了塔皮，充满焦糖香气的内馅唤醒了味觉记忆，每个堆叠的小塔都记录着独一无二的个人体验。

材料 / 克   3 英寸半塔模 6 个

塔皮		内馅		坚果	
无盐黄油	55	麦芽糖	42	杏仁碎	30
盐	少许	红糖	22	夏威夷豆	50
糖粉	35	盐	少许	南瓜粒	40
全蛋	30	无盐黄油	40	杏仁粒	50
高筋面粉	100	鲜奶油	20	黑芝麻	5
杏仁粉	13			白芝麻	5

基本做法

塔皮

1. 将无盐黄油、盐、糖粉拌匀，慢慢加入全蛋拌匀，加入过筛的高筋面粉和杏仁粉拌匀。
2. 将面团放入袋中，擀成厚度 3 毫米冷冻备用。

内馅

将所有材料放入锅中拌匀，煮至红糖融化，加入所有坚果。

组合

将塔皮放入模型中，内馅放入塔皮内，放进烤箱以 175℃烤约 20 分钟即可。

 TIPS

在加热糖时不需要加热至焦黄即可与坚果一起烘烤，在烘烤的过程糖会更上色，是比较简单的烘烤方式。

Candy-shaped pasta

Tortellini

A jubilee of pastas of every shape and size

{ 糖形意式芝士饺佐萝蔓奶油酱 }

饺子是意大利人美味的家乡料理，在家庭餐桌上意大利人常常会加入不同的食材，运用各种不同的烹调法来诠释意大利料理的精神，即使是甜点也不例外，热情的意大利人认为餐桌就是画布，而每道料理都是独一无二的装饰与摆盘，每次的享用都要尽兴，即使是一颗小小的糖形意式芝士饺也不能只安静地包覆着平凡的外皮，而是显露自成一格的优雅，轻易成为众人惊叹的焦点。

材料 / 克　　4 人份

黄色面团		红色面团		调味料	
鸡蛋	1 颗	墨鱼酱	5	黑胡椒	少许
低筋面粉	100	鸡蛋	1 颗	盐	少许
绿色面团		低筋面粉	100	肉豆蔻粉	少许
煮熟菠菜叶	30	**内馅**		**酱汁**	
鸡蛋	半颗	洋葱丁	50	无盐黄油	50
低筋面粉	100	番茄切丁	1 颗	洋葱丁	50
红色面团		意大利香肠肉	300	萝蔓	100
煮熟甜菜根	45	瑞卡达芝士	250	鲜奶油	50
鸡蛋	半颗	帕马森芝士（磨成粉）	30		
低筋面粉	100				

基本做法

1. 菠菜叶煮熟切碎，甜菜根煮熟打成泥过滤备用。

2. 依照配方完成各颜色面团。

3. 起锅炒软洋葱丁，放入番茄丁及意大利香肠肉炒香后稍微冷却备用。

4. 将以冷却意大利香肠肉与瑞卡达芝士拌匀，并以黑胡椒、盐、肉豆蔻粉、帕马森芝士粉调味。

5. 以制面机先将单色面团擀成约 1 毫米厚度，随后挑少许颜色面皮切成 0.5~1 厘米宽度面条。

6. 可随喜好将面皮铺底，面条摆于面皮上方，以擀面棍轻压过帮助黏合，再以制面机重新
   滚过面皮。

7. 将彩色面皮切成 7 厘米 ×5 厘米，中心摆上瑞卡达芝士馅，卷起捏成糖果状，或任何可
   能的饺子形状。

8. 酱汁制作：起锅，以无盐黄油炒软洋葱丁，放入切碎的萝蔓拌炒，软化后，倒入清水炖
   煮 5 分钟，将其打成细致泥状，重新倒回锅中略微浓缩，以少许鲜奶油、盐、黑胡椒粉
   调味即成酱汁。

9. 糖形饺烫至浮起，再煮 8 分钟左右起锅。

10.组合糖形饺及酱汁并装饰即可。

意式咖啡奶酪

Q 弹滑嫩的奶酪，在舌尖散发香醇的奶香，搭配咖啡果冻与卡噜哇咖啡酒的绝佳组合，饶富层次风味的意式小点，一次带给你多重享受。

材料 / 克　| 250ml / 杯　约 6 杯 |

咖啡奶酪		**咖啡果冻**		**组合与装饰**	
牛奶	700	水	500	植物鲜奶油	适量
细砂糖	80	细砂糖	80	肉桂粉	适量
咖啡粉	40	果冻粉	15	薄荷叶	适量
明胶片	20	咖啡粉	5		
鲜奶油	700	卡鲁哇咖啡酒	10		

 基本做法

咖啡奶酪

1. 取部分牛奶与细砂糖和咖啡粉煮滚。
2. 加入泡软的明胶片拌匀后过筛。
3. 再与剩下的牛奶及鲜奶油混合拌匀入杯冷藏。

咖啡果冻

1. 将水煮滚后加入细砂糖、果冻粉和咖啡粉混合拌匀，继续煮滚后再加入咔噜哇咖啡酒拌匀。
2. 倒入模型待凉冷藏，切丁备用。

组合与装饰

将植物鲜奶油打发后装入裱花袋，于咖啡奶酪上挤上植物鲜奶油，放入咖啡果冻丁肉桂粉及薄荷叶装饰即可。

 TIPS

肉桂粉与咖啡有着迷人的契合度，若比较无法接受肉桂粉的味道，也可以换成可可粉。

June | 6月

女孩的夏日厨房

厨房是每个家里幸福的根源，女孩们则是这个小天地的主人，有时用爱与勇气提升人生滋味，享受烹饪的乐趣；有时借食材的丰盛滋味，一点一滴渗透生活并进而创造属于自己的幸福。她们的餐桌上每一个甜点都在愉悦跳舞，代表的是一个个不同的心情，端上餐桌，女孩们希望因此被最亲爱的人看到她想说的话。不管是白日或是夜晚，这是她情感酝酿抒发的地方，纯净如夏日清透的晶莹柠檬，她的纯真让餐桌上的对话有了适当的温度，空间有了淡淡的芬芳，而疏离的心，也因此变得亲近了。

{ 法式羊奶酪派 }

那是你去年秋天的模样，黄色的贝雷帽，平静无澜的心，如今我以这个金黄的奶酪蛋糕回忆，这样素静单纯的颜色，加入了独特香醇的羊奶酪，像黄昏晚霞的火焰在你的眼里争艳，糖粉如雪般纷纷坠入你灵魂的水面，刚烤好温暖的派皮环抱收藏你缓慢平静的声音，我的记忆由光，由烟，由蛋糕的香气组成。

 材料 / 克　　　6 英寸塔模 1 个

派皮		内馅	
中筋面粉	150	羊奶酪	100
盐	少许	细砂糖	100
无盐黄油	100	全蛋	2 颗
冰水	40 ~ 50	低筋面粉	30
		盐	2
		柠檬汁	2

基本做法

派皮

1. 中筋面粉与盐混匀，加入切为米粒大小的无盐黄油，再加入冰水压成团，冷藏静置 40 分钟。
2. 擀制成形后入模，上压重石 (或豆类) 以 190 ~ 200℃ 烤 20 ~ 30 分钟。

内馅

羊奶酪与细砂糖拌匀，分次加入全蛋拌匀，再加入低筋面粉、盐与柠檬汁混匀。

组合

将【内馅】倒入【派皮】，以 190 ~ 200℃ 烤 15 ~ 20 分钟即可。

 TIPS

羊奶酪的口味通常温和且带有一丝丝坚果的香气，但每个种类的羊奶酪皆有些不同，有些气味浓烈，一般人比较不能接受，可以在制作内馅时添加一些莓果或是柑橘类的制品，可以使羊奶酪的风味变得较为清爽，或添加一些朗姆酒也是不错的选择！

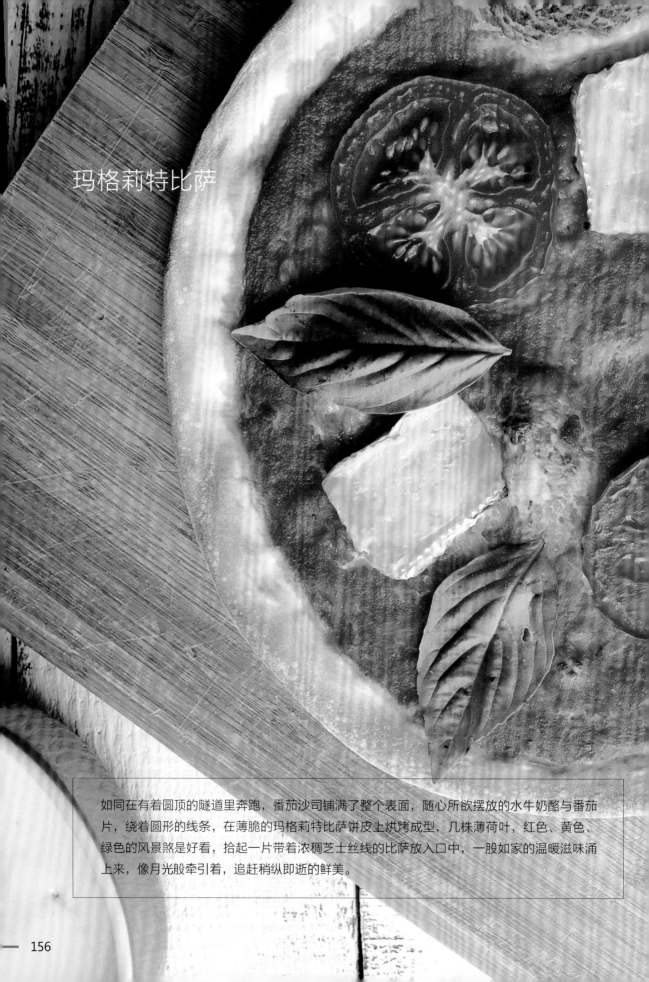

玛格莉特比萨

如同在有着圆顶的隧道里奔跑，番茄沙司铺满了整个表面，随心所欲摆放的水牛奶酪与番茄片，绕着圆形的线条，在薄脆的玛格莉特比萨饼皮上烘烤成型，几株薄荷叶，红色、黄色、绿色的风景煞是好看，拾起一片带着浓稠芝士丝线的比萨放入口中，一股如家的温暖滋味涌上来，像月光般牵引着，追赶稍纵即逝的鲜美。

材料 / 克   8英寸2个

比萨面团

高筋面粉	70	冰块	150	新鲜酵母	0.8
低筋面粉	35	盐	2.5	橄榄油	5ml
水	35				

玛格莉特比萨

番茄沙司	200	番茄	1颗	调和芝士	120
小番茄	100	罗勒叶	15	水牛奶酪	1颗

 基本做法

比萨面团

1. 面粉、水及冰块均匀混合于不锈钢盆内备用。

2. 将剩余材料混合后，加入钢盆内搓揉至出筋后，分割为每份约140克，整形后备用。

玛格莉特比萨

1. 取面团擀开至8英寸大小，依序铺上番茄沙司、小番茄、番茄片、调和芝士水牛奶酪。

2. 以220℃烤约10分钟即可出炉。

3. 在比萨上装饰罗勒叶。

TIPS

经典的玛格莉特比萨中一定要有的三个材料：番茄、罗勒、水牛奶酪，而其中水牛奶酪是莫札瑞拉奶酪中的最高等级，口感温和香浓。但因为价格昂贵且保存期短，在欧洲以外的地区不容易买到，因此市面上有许多以牛奶制成的替代品，大部分口感与水牛奶酪非常接近。

{ 魔法卡士达泡芙蛋糕 }

清晨，翠绿的草叶上都镶着一颗颗晶莹的露珠，像镶在翠玉上的点点珍珠，如这一个个小巧精致的泡芙蛋糕，刚烘烤好的蛋糕体散发着浓浓的牛奶香，充满香草酱甜香的绵密卡士达填入其中，表面撒上细密糖粉是入口时的小幸运，魔法般的美味闪着五颜六色的光华，像田野上的麦穗在风的嘴巴里开心摇曳。

 材料 / 克　　　　|　杯子蛋糕模 约 10 个　|

蛋糕体				卡士达内馅	
无盐黄油	30	盐	1	蛋黄	40
牛奶	60	全蛋	2 颗	细砂糖	60
低筋面粉	30	蛋液	适量	玉米粉	15
细砂糖	5	水	适量	牛奶	200
				香草荚酱	适量
				打发鲜奶油	150

基本做法

蛋糕体

1. 无盐黄油与牛奶加热至沸腾后加入过筛低筋面粉、细砂糖与盐，拌炒至成团。

2. 将面团放入钢盆中，分次加入全蛋拌至面糊拉起时可成倒三角形。

3. 入模，表面轻轻刷上少许蛋液，入烤箱前表面喷水，以 200℃烤 10 分钟，降温至 160℃再烤 15 分钟即可。

卡士达内馅

1. 蛋黄加入一部分细砂糖与玉米粉混合备用。

2. 将牛奶、香草荚酱与剩余的细砂糖一起煮滚，冲入做法 (1) 后充分搅拌。

3. 回煮至浓稠，放凉后加入打发鲜奶油备用。

组合与装饰

将【蛋糕体】切下一小部分后填入【卡士达内馅】，盖回切下的蛋糕，表面撒上糖粉即可。

 TIPS

将泡芙放入杯子蛋糕模中烤，加热过程中，面糊沿着纸模边往上爬，泡芙会澎得比较高，中间空洞会较大。

{ 伯爵卡士达蛋糕卷 }

烘烤一片香浓的蛋糕体，卷起用伯爵茶的特有香味调煮的奶茶卡士达，减了腻口的甜分，却多了一份
入口回甘的温润。这香气十足的蛋糕卷像是在运河上悄悄睡着的船只，为了满足我们微小的美味愿望，
从世界尽头来到厨房里停泊。细心地将焦糖碎粒放上表面的鲜奶油上，如傍晚时分刚刚亮起的路灯，
让世界正沉睡于一片温暖的光中。

材料 / 克　　　长方形烤盘 1 个

蛋糕体

蛋清	50	融化黄油	10
细砂糖 (1)	25	低筋面粉	30
蛋黄	30	泡打粉	2
香草荚酱	适量		
细砂糖 (2)	10	**组合与装饰**	
牛奶	10	焦糖碎	适量
		开心果碎	适量

奶茶卡士达

牛奶	100
香草荚酱	适量
伯爵茶粉	适量
蛋黄	20
细砂糖	20
玉米粉	7.5
无盐黄油	30
打发鲜奶油	180

基本做法

蛋糕体

1. 蛋清与细砂糖 (1) 以外的材料拌匀。
2. 蛋清与细砂糖 (1) 打发与做法 (1) 拌匀。
3. 以 180° C 烤 10~12 分钟。

奶茶卡士达

1. 将牛奶、香草荚酱及伯爵茶粉煮成香草奶茶。
2. 蛋黄、细砂糖与玉米粉拌匀冲入煮滚的做法 (1) 后，回煮至浓稠。
3. 冷却至约 40° C 时，加入无盐黄油拌匀冷却。
4. 拌入打发的鲜奶油备用。

组合与装饰

将【奶茶卡士达】抹入【海绵蛋糕体】后卷起，放入冷藏，以剩余的【奶茶卡士达】挤花装饰，撒上焦糖碎与开心果碎即可。

 TIPS

制作内馅时，可将茶叶放入滤布袋中，方便过滤。蛋糕体完成后要将蛋糕体翻面时，可以在蛋糕上色那面，先撒上一层薄薄的糖粉，如此蛋糕翻面时，才不会因为蛋糕中的湿气而将表皮粘在烤纸上。

橙香奶油奶酪咸饼干

早餐桌上，这一个个如宝石般的小点心，圆形的咸味小饼干上，缀着以白酒、月桂叶调味的红色鲜虾，柳橙与奶油奶酪搅打成特别调制的佐酱，摆上一株新鲜的小茴香，红绿相衬的优雅，爽口的味道完美入喉，如一朵朵含苞待放的美丽蔷薇在口中绽放开来，尽管眼睛依然还被睡意缄住，但口中的美好滋味已然绽开。

 材料 / 克　　約 12 个

奶油奶酪	200	白酒	10ml	红甜椒	1 颗
蒜瓣（捣成泥）	5 颗	月桂叶	3 片	柳橙	2 颗
鲜奶油	100ml	草虾	12 只	新鲜小茴香	20
白胡椒粉	3	饼干	12 片	盐	3

基本做法

1. 橙香奶油奶酪：取一容器，加入奶油奶酪、柳橙果肉、橙皮、蒜泥、新鲜小茴香、鲜奶油、盐、白胡椒粉，用打蛋器搅拌均匀至柔滑即可。

2. 草虾：滚水中加入盐、白酒、月桂叶、柳橙皮和草虾，汆烫后冰镇，取出去壳备用。

3. 组合：将橙香奶油奶酪涂抹在饼干上，依次摆上草虾、红甜椒细丝、新鲜小茴香、柳橙皮即可。

 TIPS

虾的新鲜度是这道小点成败的关键，在挑选虾时，要选择具有透明感的虾。放置一段时间的虾，头部的部分会变得暗沉。挑肠泥时从第二节虾壳刺入便可以轻松地挑起。

{ 月光宝盒缤纷莱明顿糕 }

月亮从森林的树丛中升了起来，发出暖暖的光辉，窗外寂静的夜像一盏深色的灯，万点繁星如撒在天幕上的颗颗明珠，闪烁着灿灿银辉。而我们用甜美蛋糕捕捉这一刻的温柔月光，用银河与月牙的光点着，以可可粉、巧克力、树莓、抹茶将晶莹的月色收藏进屋，以椰子粉沾裹表面，这是属于莱明顿糕的鲜明特色。

材料 / 克　　　12~15 个

蛋糕体		巧克力酱		抹茶淋酱	
蛋黄	3 个	鲜奶油	330	鲜奶油	140
细砂糖 (1)	30	水	330	水	140
无盐黄油	25	可可粉	80	细砂糖	30
蛋清	3 个	细砂糖	180	抹茶粉	8
细砂糖 (2)	53	牛奶巧克力	360	白巧克力	360
低筋面粉	75				

组合与装饰		树莓淋酱	
椰子粉	适量	树莓果泥	100
		水	125
		细砂糖	50
		白巧克力	100

基本做法

蛋糕体

1. 蛋黄加入细砂糖 (1) 稍微打发后加入融化无盐黄油拌匀备用。

2. 细砂糖 (2) 分三次加入蛋清中打法。

3. 取 1/2 打发蛋清加入做法 (1) 拌匀 , 加入过筛低筋面粉拌匀后将剩余 1/2 蛋清加入拌匀。

4. 入模 , 以 180℃烤 10 ~ 15 分钟即可。

巧克力酱

鲜奶油、水、可可粉与细砂糖煮滚后冲入牛奶巧克力拌匀备用。

树莓淋酱

树莓果泥、水、细砂糖煮滚后冲入白巧克力拌匀备用。

抹茶淋酱

鲜奶油、水、细砂糖与抹茶粉煮滚后冲入白巧克力拌匀备用。

组合与装饰

将【蛋糕体】切分为适当大小 , 分别裹上各种口味的淋酱并裹上椰子粉即可。

TIPS

食谱中所制作的三种淋酱 , 都是以巧克力作为基底与其他水分较高的材料混合 , 建议三种淋酱制作完成后都可以静置一夜 , 让油脂与水分彻底融合 , 这样再黏附才能避免会有颜色不均的问题。最后黏附完淋酱后 , 要将椰子粉分别倒入三个盘子中去黏附 , 避免颜色相混合。

材料 / 克　　　　小型花形模 8~10 个

蛋糕体				北海道炼乳奶油酱	
无盐黄油	75	蛋清	60	蛋黄	15
红糖	30	细砂糖	30	香草荚酱	少许
盐	1.5	低筋面粉	60	细砂糖	15
蛋黄	40	泡打粉	1.5	无盐黄油	50
香草荚酱	少许	柠檬汁	12	北海道炼乳	15
柠檬皮	1 茶匙	朗姆酒	15		
杏仁粉	30				
胡萝卜泥	50				

 基本做法

蛋糕体

1. 无盐黄油、红糖、盐、蛋黄、香草荚酱与柠檬皮拌匀打发。加入杏仁粉、胡萝卜泥拌匀。

2. 蛋清与细砂糖打发。

3. 将做法 (1)、做法 (2) 与过筛粉类拌匀，再加入柠檬汁和朗姆酒。

4. 入模，以 180℃ 烤 30 分钟。

北海道炼乳奶油酱

蛋黄、香草荚酱与细砂糖加热至浓稠后，加入无盐黄油与北海道炼乳拌匀即可。

组合

将【北海道炼乳奶油酱】挤花于【蛋糕体】之上即可。

 TIPS

让很多人害怕的胡萝卜加进甜点里，其实别有一番风味。食谱中所使用的胡萝卜泥，只要将胡萝卜洗净、去皮，切块后蒸 15 分钟压成泥即可。若是喜欢胡萝卜的味道，可以将胡萝卜切成细丝，以热水汆烫 3 分钟，挤干水分后就可以加入面糊中，这样更凸显胡萝卜的味道喔！

北海道炼乳胡萝卜蛋糕

厨房里，一朵朵似生命花蕾的美丽蛋糕，以温驯的姿态排列整齐着，细心加了北海道炼乳奶油酱，让蛋糕的滋味更加细致绵密。太阳微笑照耀着这如花般的小点心，小心翼翼地放入口中品味，闭上眼睛感受，那如梦的味蕾仙子穿过黎明的天空飞来，拿着她的竖琴，优雅而雀跃地弹奏着星星的乐曲。

枫糖栗子面包卷

剥去栗子坚硬的外衣加入到面团中，面团卷入了栗子，枫糖与无盐黄油唱作俱佳地扮演好调味的角色，刷上牛奶送进烤箱，小巧细致的美味便扑鼻而至，栗子的松软口感让人洋溢着被日光晒得暖烘烘的幸福感。

 材料 / 克　 约 10 份

面团

高筋面粉	330	枫糖	33
细砂糖	10	牛奶	135
盐	6	无盐黄油	17
酵母粉	3.3		
水	100		

内馅

栗子	150

表面装饰

牛奶	适量

基本做法

1. 所有材料除了无盐黄油，倒入机器搅拌至扩展后，加入黄油后搅拌至完成，基本发酵 60 分钟。

2. 分割滚圆后做中间发酵 15 分钟。

3. 包入内馅材料后整形，再最后发酵 30 分钟。

4. 表面刷上牛奶，以 190℃烤 12 分钟。

{ 蜂蜜柚子玛德琳 }

玛德琳是来自法国康纳西城的名点，法国从高级甜点店到一般传统甜点店都可以买得到玛德琳，多数的法国孩童都吃过玛德琳，因此玛德琳被法国人喻为"孩童糕点"。可说是拥有缩小板型的贝壳磅蛋糕，法国人心中排名靠前的庶民甜点。

 材料 / 克　　　| 玛德琳烤模 约 20 个 |

细砂糖	80	蛋黄	30	牛奶	38
蜂蜜	20	低筋面粉	125	无盐黄油	125
蛋清	60	泡打粉	5	糖渍柚子	50

基本做法

1. 细砂糖、蜂蜜、蛋清和蛋黄拌匀。
2. 将低筋面粉和泡打粉过筛，加入做法 (1) 拌匀。
3. 牛奶和无盐黄油加热至融化后加入拌匀。
4. 最后加入糖渍柚子拌匀，冷藏静置。
5. 烤模喷上烤盘油，挤入面糊。
6. 以 180℃ 烤 9 分钟。
7. 与剩余的糖渍柚子一起摆盘装饰即可。

 TIPS

　　玛德琳面糊在入模时，可以利用裱花袋将面糊挤入模型中。因为面糊比较稀，所以要选择开口较小的花嘴做搭配。挤制时不需要将模型填满，大约 8 分满即可，这样面糊加热后膨胀外形会刚好满模，还能避免在烤时面糊流出。

纯蛋古早味蛋糕

红遍大街小巷的排队蛋糕，没有添加太多的食材元素，仅仅以鸡蛋、糖、蜂蜜等为基本原料，小火慢烘，入口质地绵密细致，咀嚼时带点淡淡的蛋香，风味质朴历久不衰。

 材料 / 克　　| 6 英寸蛋糕模 1 个 |

全蛋	90	低筋面粉	65	蛋清	100
色拉油	40	泡打粉	1	细砂糖	50
香草荚酱	3				

基本做法

1. 全蛋、色拉油和香草荚酱混合拌匀，加入过筛粉类混合。
2. 蛋清和细砂糖打至 8 分发，再与做法 (1) 混合，倒入模型。
3. 以 210℃烘烤 12 分钟至表面上色。
4. 续以 100℃焖烤 25 分钟。

 **TIPS**

在将打发的蛋清与其他食材混合时，只要拌匀就好，过度的搅拌反而会使原本充满空气感的面糊，变得稀软。搅拌完成的面糊应该是在倒下时会向缎带般落下，且流动缓慢，而消泡后的面糊倒下时，面糊会迅速地滑落摊平，烤熟的蛋糕体积也会变得比较小。

{ 胡萝卜蛋糕 }

红遍加拿大咖啡馆的胡萝卜蛋糕，是搭配咖啡的良伴，颠覆许多人对于胡萝卜的刻板印象，完全没有胡萝卜的草味，而胡萝卜的甜味都在烘烤的过程中贡献给了蛋糕，有一份和谐，零压力的恬淡是尝过后的小收获，原来胡萝卜蛋糕的美味这么刻骨铭心，切开后还可以看见细细的胡萝卜丝分布，那些都是美味的证据。

 材料 / 克　　　8 英寸蛋糕模 1 个

蛋糕体

无盐黄油	适量	低筋面粉 (2)	200
低筋面粉 (1)	适量	肉桂粉	7.5
色拉油	225ml	苏打粉	5
细砂糖	275	胡萝卜丝	270
鸡蛋	2 ~ 3 颗	核桃	75
盐	少许		

装饰奶油

无盐黄油	50
细砂糖	75
奶油奶酪	100

基本做法

蛋糕体

1. 先预热烤箱至 160°C，模型内涂上奶油，撒上低筋面粉 (1)。
2. 色拉油、细砂糖、鸡蛋和盐混合均匀，加入过筛粉类，慢慢拌至均匀无颗粒。
3. 最后加胡萝卜丝和核桃拌匀，倒入模型。
4. 以 160°C 烤 45 ~ 60 分钟，出炉放凉备用。

装饰奶油

无盐黄油油回室温和细砂糖打至微白，再加入奶油奶酪打至微白均匀即可。

组合与装饰

将【装饰奶油】抹涂于蛋糕表面，撒上肉桂粉与胡萝卜丝装饰即完成。

胡萝卜的味道虽然不见得人人都喜欢，但其营养价值高，只要用一点小方法就可以缓和，例如添加一点香料或是搭配像奶酪等风味强烈的食材。还可以把切成丝的胡萝卜泡在柳橙汁中一个小时，这样做出来的蛋糕不但可以中和一下胡萝卜的味道还多了一些柳橙的清香。

材料 / 克   6 英寸方形慕斯框

蛋糕休				焦糖慕斯	
蛋黄	60	蛋清	120	细砂糖	80
细砂糖 (1)	30	细砂糖 (2)	60	水	20
牛奶	30	低筋面粉	70	鲜奶油 (1)	120
无盐黄油	25			明胶片	5
杏仁粉	30			打发鲜奶油	150
				白兰地	15

南瓜泥

南瓜泥 (蒸)	200
盐	1

基本做法

蛋糕体

1. 蛋黄、细砂糖 (1) 打发，加入牛奶、无盐黄油与杏仁粉拌匀。

2. 蛋清与细砂糖 (2) 打发，与做法 (1) 和过筛粉类拌匀。

3. 入模，以 190 ~ 200℃烘烤 10 ~ 15 分钟。

4. 以方形慕斯框压出两片蛋糕片备用。

焦糖慕斯

细砂糖和水加热至焦化，倒入鲜奶油 (1) 拌匀降温，
再加入泡软的明胶片、打发鲜奶油与白兰地拌匀。

南瓜泥

南瓜泥、盐拌匀。

组合与装饰

于慕斯框中依序放入【蛋糕体】片、【焦糖慕斯】、【南瓜泥】(重复两次)。冷藏至凝固
后脱模，以焦糖酱装饰即可。

 TIPS

制作四方形慕斯蛋糕，倒入慕斯后可使用竹篾在四个边角轻轻画圈，确认慕斯确实分布在
四周。

焦糖金瓜慕斯蛋糕

过了午夜 12 点，灰姑娘的马车就会变回南瓜，而玻璃鞋在狂欢后形单影只，等待真爱来临。
焦糖慕斯的甜蜜咒语，让王子回心转意，每个平凡的女孩都能成为某个人心里的唯一，让他
为你戴上镶着誓言的戒指，守护那份得来不易的爱情。

克林姆面包

克林姆面包就是以大量奶油夹馅的奶油蛋糕，外皮松软，入口后浓稠的奶油令人坠入崭新的梦境，仿佛所有烦忧都可以被克林姆面包绵密的奶油包覆，偶尔还能乘着奶油飞船回到每个怀念的快乐时光。

材料 / 克　　　　约 35 颗

面团				布丁馅	
高筋面粉	449	牛奶	168	蛋黄	216
T55 面粉	673	水	505	细砂糖	225
盐	13	老面	112	玉米粉	72
细砂糖	168	无盐黄油	56	牛奶	449
酵母 (耐糖)	11			鲜奶油	449
蛋	112			无盐黄油	90

基本做法

面团

1. 将材料法国粉至老面部分，全部加入搅拌至光滑，再加入无盐黄油搅拌至完成。

2. 基本发酵 60 分钟。

3. 分割为每颗 60 克，中间发酵 15 分钟。

4. 整形为三角形或半圆形，包入【布丁馅】(约为每颗 38 克)，表面剪出造型，最后发酵 45 分钟。

5. 以上火 200℃ / 下火 190°C，烤 12 ~ 15 分钟。

布丁馅

1. 蛋黄、细砂糖和玉米粉拌匀。

2. 牛奶和鲜奶油煮滚后，冲入做法 (1) 中回煮至浓稠，最后加入无盐黄油拌匀。

 TIPS

布丁馅的浓稠度会影响制作时的操作便利度。再第二次加热时，要确实将布丁馅煮到大滚才能加入奶油，若是内馅太湿软，不但不方便包馅，烤时内馅也会因为水分太多而产生过多的水蒸气，冲破收口的地方。

{ 古典红茶磅蛋糕 }

幻想着自己在华丽的宫廷中，享受王宫贵族般的下午茶，古典红茶磅蛋糕像个期待被注视的优雅淑女，轻轻摇曳着裙摆，蕾丝帽遮盖着着涩泛红的娇容，或者透过喷着香水的蕾丝扇，轻轻扇动着空气里流动的暧昧。投入方糖让红茶泛起涟漪，古典红茶磅蛋糕切成一小块入口，双倍茶及茶多酚，宛若穿越了恒久的时空，置身在宫廷中。

 材料 / 克 | 咕咕洛夫模 1 个 |

蛋糕体

无盐黄油	75	蛋清	2 颗
糖粉	60	细砂糖	30
盐	1	柠檬汁	10
葡萄糖浆 (保温)	15	低筋面粉	70
柠檬皮屑	适量	杏仁粉	20
蛋黄	2 颗	红茶粉	2
红茶液	30	朗姆酒	15

糖衣

水麦芽 (保温)	35
糖粉	100
柠檬汁	10

组合与装饰

| 综合果干与坚果 | 适量 |
| 糖渍橙片 | 适量 |

基本做法

蛋糕体

1. 无盐黄油、糖粉、盐、葡萄糖浆、柠檬皮屑打发，加入蛋黄拌匀。

2. 蛋清、细砂糖打发。

3. 将做法 (1) 与做法 (2) 拌匀，加入过筛粉类、柠檬汁、朗姆酒拌匀，分次加入红茶液。

4. 以 170℃烤 20 ~ 28 分钟。

糖衣

水麦芽隔水融化后与糖粉、柠檬汁拌匀。

组合与装饰

将【糖衣】淋于【蛋糕体】之上，以 250℃烤 1 分钟至【糖衣】起泡，以果干、坚果与橙片装饰即可。

 TIPS

为增加茶的香气，再熬煮红茶液时，以 2 克的茶叶加上 100ml 的水一起煮滚后关火闷 5 分钟，使茶汁更融合，再过滤出茶叶即可。红茶的选择也是关键，带有果香的大吉岭或是带有焦糖、坚果香气的伯爵茶都相当合适。

珍珠糖小泡芙

一朵朵金黄色的杯中花，在巴黎夏日的午后绽放，晶莹细致的珍珠糖是花瓣上的雨露，不留痕迹地提升了花朵的甜蜜，这是法国女人解馋时的小零嘴，含糖量低微甜而不腻，常会令人一口接着一口停不下来。

 材料 / 克　　约 50 颗

泡芙皮				组合与装饰	
水	120	低筋面粉	90	珍珠糖	少许
牛奶	180	高筋面粉	90		
无盐黄油	120	全蛋	5 ~ 6 颗		

基本做法

泡芙皮

先将水、牛奶、无盐黄油混合煮滚，加入过筛好的低筋面粉和高筋面粉拌煮炒（以木匙或擀面棍）至充分糊化完成，倒入不锈钢盆以打蛋器拌打至余温再慢慢加入全蛋混合（不能加得太快或全加入，需视面糊情况而定），必须拌成面糊拉起来能成倒三角形，才能装入裱花袋。

组合与装饰

1. 将面糊挤为壹元硬币大小，撒上珍珠糖。
2. 烤箱预热至 200°C，入炉转成 180°C，烤 20 分钟，调头开风门以 150°C 再烤 20 分钟，烤至泡芙裂痕上色才出炉，放凉后装袋。

 TIPS

加入全蛋时需以少量多次进行，刚开始添加时会觉得很难混合，所以第一次添加时可以加入相对大量，一方面是比较容易搅拌，另一方面是为了降低面糊的温度。之后则得视情况少量添加。蛋液添加的量与面糊糊化的程度有关，若是面糊糊化不足，蛋液就无法加到食谱上的量。

阿尔萨斯苹果塔

安静闲适的午后，咖啡馆里豆子浅焙的香气萦绕，不经意间，两只手同时伸向瓷盘里的苹果塔，指尖碰触时刻，是两人心跳的新节奏！虽说不会用刚出炉的苹果派来形容一段恋情，但这种温暖氛围的相遇非常动人，杏仁内馅的甜味与苹果的清爽香气巧妙融合，绵密的口感中略带弹牙，仔细品尝，是咖啡馆偶遇的完美注解！

 材料 / 克　　　约 8 颗

塔皮		内馅		组合	
无盐黄油	75	细砂糖	25	新鲜苹果	2 颗
细砂糖	5	杏仁粉	20		
盐	1	全蛋	30		
杏仁粉	25	香草荚酱	少许		
蛋黄	20	牛奶	55		
全蛋	30	白酒	30		
低筋面粉	100				

基本做法

塔皮

无盐黄油拌软加入细砂糖和盐打发，加入杏仁粉、蛋黄、全蛋和低筋面粉拌匀，以180℃烤 25 分钟。

内馅

细砂糖、杏仁粉倒入钢盆加入全蛋和香草荚酱拌匀，最后加入液体材料拌匀。

组合

塔皮成型放入苹果倒入内馅，以 180℃烤 30 ~ 35 分钟即可。

维也纳树莓杏仁蛋糕

咖啡与蛋糕的邂逅，是如此自然而美好！用树莓果酱来烘制蛋糕，裹上一层杏仁果碎，镶上一枚晶莹的树莓，丰盈果香与甜浓杏仁气味互为基底，每一口扎实的蛋糕都是美好生活的模样！慢慢品味着口味浓郁的糕点，感受到刚出炉的温度，悠闲的午后时光随着味蕾细腻流转。

材料 / 克   咕咕洛夫模 1 个

蛋糕体

全蛋	100
细砂糖	50
香草荚酱	适量
低筋面粉	65
柠檬皮	少许
无盐黄油	20

安格烈斯奶油酱

蛋黄	20
细砂糖	45
牛奶	100
无盐黄油	160

内馅

树莓果酱	50

组合与装饰

杏仁碎	60
糖粉（撒表面）	适量

基本做法

蛋糕体

模型先涂油撒粉备用，全蛋加入细砂糖和香草荚酱隔热水打发，加入过筛面粉和柠檬皮及融化无盐黄油拌匀，入模以 180℃烤 20 ~ 25 分钟。

安格烈斯奶油酱

蛋黄加入 1/2 细砂糖打至微白，另 1/2 细砂糖加入牛奶煮至冒烟后冲入蛋黄锅中，回煮至浓稠，降温后慢慢加入打发无盐黄油中拌匀。

组合与装饰

蛋糕切半挤入树莓果酱，外围涂上【安格烈斯奶油酱】后贴上杏仁碎，撒上糖粉即可。

 TIPS

在模型中加入杏仁碎后，以手轻轻沿着模型压紧后冷冻，比较不会有缺角的情形。

July | 7月

好好吃马戏团

马戏团是超现实的魔幻童话，出神入化的表演，总能让人回忆起遗落许久的纯真、好奇、大胆尝试的心。绚丽的霓虹灯、疯狂夸张的小丑、轻盈灵巧的空中飞人、惊险的梦幻特技…这些令人瞠目结舌的表演者总以熟练却又不可思议的精彩演出，带给人们无限欢乐。手绎以各种精彩的手作烘焙，演绎厨艺世界里有如马戏团华丽炫目的表演，实现童心之味或曾是孩子的我们心中最向往的美食戏法，每个甜点就像是一个个充满神秘魅力的帐篷，进入其中，就能亲尝最令人惊叹的魔幻美味！

手工经典醇布丁

舀一匙柔软的醇浓布丁入口，如夏日里进裂绽放的美好朝阳，滑嫩地，香甜地，仿佛打开一扇门通向未知的悠远隧道，缓缓流入焦干的心，通向世界的芬芳。单纯的材料供应了美好的纯净口感，用五种材料和巧妙精准的手法表现出来的经典布丁滋味，金黄天光在杯中展现如晨曦初亮的微光，让我沉醉并再三回味。

材料 / 克　　　玻璃瓶约 6 个

细砂糖 (1)	49	细砂糖 (2)	55
蛋黄	195	牛奶	534
香草豆荚	2 支	鲜奶油	534

基本做法

1. 细砂糖 (1) 与蛋黄拌匀后放入冷藏静置。
2. 将做法 (1)、香草豆荚和细砂糖 (2) 拌匀。
3. 牛奶与鲜奶油煮至 70℃后保温维持于 50℃，分次加入做法 (2) 中拌匀后过筛。
4. 将做法 (3) 倒入玻璃瓶，以 125℃ 隔水蒸烤 35 ~ 40 分钟。

 TIPS

香草豆荚可以在制作布丁的前 2 天先将香草荚切开取出香草籽，与牛奶、鲜奶油一起混合冷藏静置至隔天，这样可以让香草荚的香气充分的释放，使布丁的味道更加香醇。玻璃瓶使用前要充分洗干净，并以烤箱烤干避免生水残留，这样可以增长布丁的保存时间~

莓果慕斯小塔

莓果染出浅色粉紫，洁净的色调是大地清新的点缀，在明月的银辉下熠熠生辉；树莓与草莓融合成温柔轻盈的莓果慕斯，触动味蕾的微酸滋味如一句恋人的情话，在唇间欲言又止，轻轻拂上表面的树莓蛋白霜，如滴落草原的清晨露珠般清新怡人，千层的回旋似蔷薇的花瓣，即使时光流逝也依然美丽。

材料 / 克　　　小塔模约 5 个，豆子若干

塔皮		莓果慕斯		树莓蛋白霜	
无盐黄油	80	树莓果泥	30	树莓果泥	150
糖粉	50	草莓果泥	50	黑醋栗果泥	50
盐	1	柠檬汁	适量	意大利蛋白霜粉	200
全蛋	30	全蛋	25		
低筋面粉	150	蛋黄	25	组合与装饰	
杏仁粉	20	细砂糖	25	开心果碎	适量
柠檬皮	0.5 颗	草莓酒	5		
		明胶片	2		
		无盐黄油	29		

 基本做法

塔皮

1. 先将软化无盐黄油、糖粉、盐拌匀，慢慢加入全蛋后，加入过筛粉类拌匀，最后加入柠檬皮拌成团，擀平后冷冻约 20 分钟。
2. 将塔皮捏入模型内，以叉子搓洞，冷冻冰硬。
3. 用烤纸压豆子，以上下火 180℃，烤 25 分钟后，取出豆子刷上全蛋液，再烤 10 ~ 15 分钟。

莓果慕斯

1. 树莓果泥、草莓果泥和柠檬汁，煮至约 80°C 去除酸味。
2. 全蛋、蛋黄与细砂糖混合，冲入做法 (1) 混合，回煮至约 83°C，再加入草莓酒与泡软的明胶片，待降温至 40°C 后加入无盐黄油混合拌匀。

树莓蛋白霜

所有材料混合，拌打至约 8 ~ 9 分发备用。

组合与装饰

于塔皮内灌入莓果慕斯，挤上树莓蛋白霜，以火枪烧至上色，撒上开心果碎即可。

{ 柠檬塔 }

天光在它成长时乍亮，柠檬的光在夏日熟成迸裂，意大利蛋白霜在黄色的柠檬奶油馅上画下波纹，漫游的火焰微烤过表面，印上属于夏天的痕迹，拌着巴瑞脆片的榛果酱是海底的岩礁，稳定地铺盖于底，奶油的香气如船只航行，那甜甜的香气上扬、颤动，有时一群海鸟飞掠，映漾着大自然浑然天成的水色与悠然。

 材料 / 克　　　6 英寸菊型塔模 1 个，豆子若干

塔皮		榛果馅		柠檬奶油馅	
无盐黄油	80	苦甜巧克力	65	柠檬汁	45
糖粉	50	无盐黄油	25	细砂糖 (1)	35
盐	1	榛果酱	250	细砂糖 (2)	30
全蛋	30	榛果碎（烤）	25	蛋黄	55
低筋面粉	150	巴瑞脆片	150	无盐黄油	82
杏仁粉	20			柠檬皮	2
柠檬皮	0.5 颗				

组合与装饰

糖粉	适量
巴瑞脆片	适量
意大利蛋白霜	适量
开心果碎	适量

基本做法

塔皮

1. 先将软化无盐黄油、糖粉、盐拌匀，慢慢加入全蛋后，加入过筛粉类拌匀，最后加入柠檬皮拌成团，擀平后冷冻约 20 分钟。
2. 将塔皮捏入模型内，以叉子戳洞，冷冻冰硬。
3. 用烤纸压豆子，以上下火 180℃，烤 25 分钟后，取出豆子刷上全蛋液，续烤 10 ~ 15 分钟。

榛果馅

将巧克力和无盐黄油隔水加热后，依序加入榛果酱、榛果碎、巴瑞脆片混合即可使用。

柠檬奶油馅

1. 柠檬汁和细砂糖 (1) 混合煮滚。
2. 细砂糖 (2) 和蛋黄混合，冲入做法 (1) 混合，回煮至约 83° C 浓稠，待降温至 40° C 后慢慢加入软化无盐黄油拌匀，最后加入柠檬皮拌匀。

组合与装饰

于【塔皮】内依序填入【榛果馅】与【柠檬奶油馅】，撒上糖粉与巴瑞脆片，挤上意大利蛋白霜，以火枪烧至上色，撒上开心果碎即可。

材料 / 克　　　约 6 杯

原味布丁		榛果布丁		焦糖液	
明胶片	2	明胶片	2	细砂糖	100
蛋黄	12	榛果酱	10	水麦芽	25
细砂糖	12	蛋黄	12	热水	20
牛奶	88	牛奶	88		
香草荚酱	少许	香草荚酱	少许		
鲜奶油	35	鲜奶油	35		

基本做法

原味布丁
明胶片以外所有材料加热至浓稠后，再加入泡软的明胶片拌匀入模。

榛果布丁
明胶片以外所有材料加热至浓稠后，再加入泡软的明胶片拌匀入模。

焦糖液
细砂糖及水麦芽煮至焦化后倒入热水即可。

组合
于杯中依序倒入【焦糖液】与【榛果布丁】，冷藏至凝固后倒入【原味布丁】，冷藏后即可食用。

 TIPS

市售的榛果酱分为有糖与无糖两种，本次配方中所使用的榛果酱为含糖的，若是买到无糖的榛果酱，也没关系，可以自己再添加糖。组合两色的布丁时，可以拿一支汤匙将布丁液沿着汤匙的背面缓缓地倒入，这样双色的界线才会明显喔！

榛果双层焦糖布丁

用轻盈的细工成就这可爱的双层布丁，还需要静心地等候凝固。灼热的焦糖液以其独特强烈的香气，取得口感的主权，不舍昼夜的时光，把盛夏的阳光带到透明的杯中，味觉欢愉的种子落在雪白美丽的柔嫩大地，榛果的香气萦绕心头和口鼻，在这样清明洁净的舌尖触感下，心也跟着简单了起来。

酥炸水果奶酪饺

酥炸的奶酪饺，包裹着如万花筒般酸甜润喉的水果馅，佐以乳香浓厚的奶油奶酪，独特而爽口的鲜美，犹如在印度恒河河畔寻得的红宝石般珍贵难得，袅袅上升的食物热气，穿过了无垠永恒的饮食荒漠，再现鲜味的芳踪。如果世界够大、时间够多，我们对味觉的品位追求如植物般不停生长，对美味的欲望，也就算不上罪过了。

 材料 / 克　　　约 50 颗

奶油奶酪	250	橄榄油	适量	橙酒	1
蔓越莓干	30	梅花猪绞肉	30	水饺皮	30
杏仁碎	50	淀粉	500	色拉油	50 张
苹果	2 颗	盐	10	柠檬	1 颗
小黄瓜	2 条	黑胡椒粉	3		
火龙果 (白)	1 颗				
草莓	10				

基本做法

1. 奶酪馅料：将奶油奶酪、柠檬汁、蔓越莓干、杏仁碎、苹果丁和小黄瓜丁拌匀。
2. 水果淋酱：将火龙果、草莓、橄榄油、柠檬皮和柠檬汁拌匀备用。
3. 猪肉馅：猪绞肉先用淀粉、盐、黑胡椒粉、橙酒抓腌，静置 15 ~ 20 分钟，然后再将猪肉馅与奶酪馅料一起拌匀，将馅料包入水饺皮中。
4. 起油锅，将奶酪饺以 160 ~ 170° C 炸到金黄酥脆，滤油后摆入盘中，淋上水果淋酱即完成。

 TIPS

奶酪含水量较高，油炸时会让热油喷溅，为避免可在奶酪外圈沾上薄薄面粉，吸收奶酪水分，保持内馅干爽。

芒果布丁

白色的香草冰淇淋像是蜜蜂留恋花蕊般地，在这浓郁芳香的芒果布丁上停驻舍不得离去，在夏日的午后嗡嗡响着；牛奶和焦糖的香气，清凉弹嫩的口感，芒果的芬芳，这是完整的夏日气味，让甜点的欲望在时间中复活，认真感受这晴朗的夏之缤纷。

 材料 / 克　　　　　 布丁杯约 4 杯

芒果果泥	100	焦糖碎	适量
细砂糖	30	开心果碎	适量
牛奶	150	香草冰淇淋	适量
明胶片	5		

基本做法

1. 芒果果泥和细砂糖加热至糖融。
2. 加入牛奶和泡软的明胶片拌匀，倒入布丁杯，冷藏至凝固。
3. 挖一球香草冰淇淋置于表面，撒上焦糖碎与开心果碎即可。

 TIPS

在制作各式水果风味的点心时，常常使用到冷冻的果泥。冷冻果泥虽然价格较高，但品质相较新鲜水果稳定许多，且没有季节之分还可以长时间保存。只是要特别注意，每一个厂家的制作方式不一样，建议还是经过加热杀菌再用会比较安心。

{ 哈密瓜豆奶巴巴露亚 }

橘黄色的哈密瓜果肉一球一球的整齐排列着，像一朵美丽盛开了的灿烂花朵一样，赞颂着夏日的艳丽，诚挚无邪的真容，毫无一点铅华，不用别的青翠，只以果实采摘时最原始的香甜装饰这个夏天。以清爽的豆浆作为基底，为不使口味过于单调，鲜奶油和冰淇淋于是成为最佳的辅佐，这样无瑕的滋味，谁都不想再加以增改。

 材料 / 克　　约 8 杯

蛋黄	2 颗	打发鲜奶油	150
细砂糖	65	哈密瓜	适量
豆浆	400	冰淇淋	适量
明胶片	4 片	开心果碎	适量

基本做法

1. 蛋黄与细砂糖拌匀。

2. 豆浆加热至冒烟，冲入做法 (1) 中，拌入泡软的明胶片与打发鲜奶油。

3. 入模，冷藏至凝固后以哈密瓜、冰淇淋与开心果碎装饰即可。

 TIPS

豆浆中含有维生素 E、维生素 C，有很大的抗氧化功能，还可以预防高血压及糖尿病，近年来被广泛地运用在甜点料理中，比较需要注意的是豆浆最好不要跟蛋放在一起，因为鸡蛋中的黏液性蛋清容易和豆浆中的胰蛋白酶结合，会降低了人体对营养的吸收。

椰香雪花糕

手中的牛奶调煮着粉类与砂糖，逐渐凝固的白色糕点，香气慢慢散开；分切成小块状，撒上如鹅毛雪片的椰子粉，叠起盛盘，似高高地托起无数的心灵重荷，然后再轻轻落下。这丝绒般的口感，掠过口中与唇齿间，似在静默的瓷砾和厚大的屋瓦上，落上了阵阵细雪，这气息初凝的水气，纯洁得令人赞叹不已。

 材料 / 克　　　8 英寸方形慕斯框

牛奶	200	细砂糖	35
椰奶	250	椰子粉 (烤)	适量
果冻粉	15	椰子粉	适量
玉米粉	35		

基本做法

将牛奶、椰奶、果冻粉、玉米粉和细砂糖放入锅内拌匀，不停搅拌煮至大滚，倒入容器内冷藏 1 小时。撒上椰子粉，倒扣于另一大容器中，再撒上椰子粉，切成块状后，沾满烤过的椰子粉即可食用。

 TIPS

一般果冻粉原料为鹿角菜胶，在室温状态就会凝固，所以拌匀材料后，要在滚的状态下赶快倒入模型中定型。

大理石抹茶红豆吐司

 材料 / 克　　　長方形吐司模 1 个

高筋面粉	214	新鲜酵母	8	抹茶抹酱	适量
盐	4	蛋黄	10	蜜红豆粒	适量
细砂糖	26	水	120		
奶粉	6	无盐黄油	40		

基本做法

1. 高筋面粉、盐、细砂糖和奶粉混合均匀。
2. 加入新鲜酵母、蛋黄和水，先以低速搅拌 4 分钟，再以中速搅拌 2 分钟。
3. 加入无盐黄油，以低速搅拌 3 分钟，再以中速搅拌 2 ~ 3 分钟，至扩展阶段。
4. 基本发酵 60 分，翻面 30 分钟，松弛 20 分钟。
5. 整形，面团加入市售抹茶酱、蜜红豆粒；最后发酵 50 分钟。
6. 以 210°C 烤约 12 分钟。

在制作大理石纹的吐司时，所选用的内馅要稍微浓稠一点，以免在烤时流出。

柠檬贝果

 材料 / 克 　约 10~12 个

面团				烫面水	
T55 面粉	580	水	348	伯爵红茶	适量
盐	11	橄榄油	46	蜂蜜	适量
蜂蜜	79	柠檬皮	2 颗	蛋液	适量
酵母	6	柠檬汁	46		

基本做法

1. 将全部材料加入搅拌机，以低速拌匀。

2. 转中速搅拌至表面光滑，至扩展转向至完成阶段即可。

3. 基本发酵 1 小时。

4. 分割，中间发酵 (冷藏)20 分钟。

5. 整形，最后发酵 30 分钟。

6. 烫面水滚后将面团下水，以中火烫一面约 10 秒，翻面再烫 10 秒。

7. 放置烤盘刷上蛋液，以上火 210℃ / 下火 200℃烤 15 ~ 18 分钟即可。

 TIPS

贝果在汆烫后，表面的面筋没有效力，在烘烤后也不太会影响体积，所以贝果的口感才可以 Q 弹有咬劲。

Lemon pound cake

柠檬水果磅蛋糕

 材料 / 克

长型模 (17.5 厘米 x8.5 厘米 x7 厘米)2 个

磅蛋糕				柠檬蛋清糖霜	
T55 面粉	270	蛋	270	柠檬	1 颗
发酵奶油	30	蛋黄	30	蛋清	50
奶油奶酪	300	柠檬皮	2 颗	糖粉	100
糖粉	270	柠檬汁	45		

基本做法

磅蛋糕

1. 发酵奶油、T55 面粉、奶油奶酪一起快速打发至乳白色状。

2. 加入糖粉以中速打发。

3. 慢慢加入全蛋，第一次加入大约以 2 颗蛋量为准，搅打均匀后再加入第二次，依此类推。全蛋加至 1/2 量时，加入蛋黄拌匀，再慢慢加入剩下的 1/2 全蛋。

4. 加入柠檬汁与柠檬皮末拌匀后入模，以上火 180℃ / 下火 160℃，烤 30 ~ 35 分钟。

5. 出炉冷却后，刷上柠檬蛋白糖霜，摆上柠檬片即可。

柠檬蛋白糖霜

蛋清加入糖粉一起打发，加入柠檬汁拌匀即可。

 TIPS

在蛋糕中搭配一些香草也是不错的选择，例如新鲜的时萝或百里香。

日式抹茶慕斯奶酪香缇芝麻蛋糕

材料 / 克　　　　　6 英寸慕斯圆框 1 个

黑芝麻达克瓦滋		抹茶奶酪慕斯		栗子香草奶冻		日式抹茶薄饼	
杏仁粉	30	蛋黄	25	牛奶 (1)	25	无盐黄油	20
黑芝麻粉	10	细砂糖	45	细砂糖	5	糖粉	20
糖粉 (1)	30	牛奶	50	明胶片	2.5	全蛋	20
低筋面粉	7	抹茶粉	7	牛奶 (2)	25	低筋面粉	25
蛋清	50	明胶片	4	鲜奶油	50	抹茶粉	2
细砂糖	25	马斯卡邦芝士	145	香草荚酱	少许	生黑芝麻粒	少许
糖粉 (2)	适量	打发鲜奶油	130	糖渍栗子碎	15	白巧克力	少许
		蜂蜜	12				

组合与装饰

打发鲜奶油	适量	黑巧克力	适量
糖渍栗子	适量	镜面果胶	适量
白巧克力	适量		

基本做法

黑芝麻达克瓦滋

将蛋清和细砂糖拌打至硬性发泡，再与过筛的粉类混合。装入裱花袋挤五英寸、六英寸各一，表面撒上糖粉 (2)，以 175℃ 烤 15 ~ 22 分钟出炉。

抹茶奶酪慕斯

先将蛋黄、细砂糖和牛奶隔水加热至浓稠，接着加入抹茶粉、明胶片混合融化后过筛，再入马斯卡邦芝士混合，最后加入打发鲜奶油、蜂蜜混合。

栗子香草奶冻

先将牛奶 (1) 和细砂糖煮至糖融，再加入明胶片混合，再加入牛奶 (2)、鲜奶油、香草荚酱混合拌匀，倒入五英寸模型，加入糖渍栗子碎即可。

日式抹茶薄饼

先将奶油和糖粉拌匀，再慢慢加入全蛋混合，最后加入过筛粉类拌匀，装入裱花袋，挤大约直径 2 厘米圆圈，撒上黑芝麻，以 150℃ 烤 15~20 分钟出炉，冷却后挤上白巧克力。

组合与装饰（反做法）

于六英寸慕斯圆模中依序倒入一部分的【抹茶奶酪慕斯】、【黑芝麻达克瓦滋】、【栗子香草奶冻】，剩余的【抹茶奶酪慕斯】与【黑芝麻达克瓦滋】，冷藏后倒反脱模，刷上镜面果胶与融化黑巧克力，挤上打发鲜奶油，摆上切半的糖渍栗子与白巧克力刨花，放上【日式抹茶薄饼】即可。

August |8|

公主彻夜未眠

当你散步进入一座森林，清澈山泉在溪涧流畅滑过，人们在林中悠闲摘采花果。有人说，此时若看见一壶正飘着暖暖热气的茶，在不远处，必有一位公主，或隐身深宫幽殿，华楼城堡，以玫瑰花露止渴，沐浴月光下，优雅又轻巧。跳舞时，仿佛不断旋转飞行；说话时，舌尖释放出琉璃般的星星。美好的八月，唤醒心中的那位公主，以纤纤之手实作梦幻甜点系列，华丽出色的外观下是一口口梦幻般的绝美滋味。仲夏夜，公主即将因这般美味彻夜未眠。

{ 芒果菠萝风情水果蛋糕佐菠萝冻 }

土黄色的、飘着蛋糕香气的长长小径上，芒果和菠萝一起漫游着消磨这阳光普照的正午时分，我们品尝到属于夏日气息的新鲜水果蛋糕。日间梦的旅行，红色火焰剪断田野上草莓的细线，光阴准时得像一列不停奔驰的火车，以迷迭香的指引为唯一的钥匙，打开通往另一个世界的门，迎向满天闪闪星光，抵达幸福之境。

材料 / 克　　　长形模型 (17.5 厘米 x8.5 厘米 x7 厘米) 2 个

蛋糕体

无盐黄油	165	高筋面粉	50
糖粉	120	菠萝丁	200
转化糖浆	20	芒果丁	250
蛋黄	65	玫瑰香精	8
蛋清	80		
芒果果泥	40		
菠萝果泥	30		
低筋面粉	150		

菠萝冻

菠萝果泥	100
细砂糖	10
明胶片	5
迷迭香	适量

组合与装饰

菠萝干	适量
芒果干	适量
打发鲜奶油	适量
草莓	适量

 基本做法

蛋糕体

1. 无盐黄油、糖粉与转化糖浆混合后打发。
2. 蛋黄与蛋清混合后加入做法 (1) 拌匀。
3. 再依序加入芒果果泥、菠萝果泥、过筛粉类、菠萝丁、芒果丁拌匀。
4. 最后加入玫瑰香精拌匀。
5. 入模，以 170°C 烤约 45 分钟。

菠萝冻

将菠萝果泥加热后，加入细砂糖与泡软的明胶片，最后加入切碎迷迭香，入模冷藏即可。

组合与装饰

蛋糕上装饰以打发鲜奶油、【菠萝冻】、果干与草莓即可。

TIPS

烘烤长形蛋糕时，可在时间还剩下约 1/3 时，在面糊中间以小刀浅划一条线，蛋糕烤好会沿切口裂开，外形完美。

{ 甜甜柠檬磅蛋糕 }

一个人的下午，桌上滚动的柠檬希望找到停止的定点，朴拙的磅蛋糕像是一日一日的寻常生活，随手淋上柠檬糖霜，平凡却知足，这也是一种财富。烘烤的声音很细微，像海的呢喃，如诗篇的微风，掠过海洋和森林，林间的轻语，缭绕耳边低回不已。渐近黄昏，天边小小的火花是繁星的出没，厨房的门敞开着，以芬芳迎接黑夜。

 材料 / 克　　长形模型 (17.5 厘米 x8.5 厘米 x7 厘米) 1 个

蛋糕体

无盐黄油	90	杏仁粉	20
细砂糖	70	低筋面粉	70
柠檬皮	1t	泡打粉	1.5
全蛋	60	牛奶	30
香草荚酱	1 滴		

柠檬糖霜

糖粉	40
柠檬汁	10 ~ 15

其他

无盐黄油	适量
低筋面粉	适量

基本做法

蛋糕体

1. 模型涂无盐黄油洒撒粉，放冷冻备用。
2. 无盐黄油回室温，用打蛋器打软。
3. 加入细砂糖、柠檬皮打至绒毛状。
4. 全蛋及香草荚酱充分打散后分次加入。
5. 加入粉类材料拌匀后，再加入牛奶拌匀。
6. 倒入模型后，以 170℃ 烤 25 ~ 30 分钟。
7. 放凉后，淋上柠檬糖霜。

柠檬糖霜

柠檬汁分次加入糖粉中，拌至有浓稠感即可。

TIPS

柠檬皮添加在蛋糕中可以提升蛋糕的香气但又不会增加酸味，在制作各种糕点时都被广为运用。在柠檬盛产时，可以先将柠檬洗净，以刨芝士的小刨刀先将皮削下，要注意不要刨到白囊的部分。刨好的柠檬皮可以分成小包放入冷冻，每次只需取需要的量即可。

蜜香瑞可达葡萄芝士塔

青绿与深紫的葡萄相间，雪白且味道清甜的瑞可达芝士加上天然微酸的原味酸奶，杏仁奶油馅的美味质地与烤出后的暖暖香气，完美地结合这一款透着蜂蜜气息的蛋糕。雨润的时节，摘一串葡萄，颗颗饱透着生命的甘甜，而清爽的芝士塔是承载回味的小船，越过白色的大地，隐没于金黄的午后记忆。

 材料 / 克　　　6 英寸菊花模 1 个

塔皮		杏仁馅		瑞可达内馅	
无盐黄油	80	无盐黄油	70	酸奶	150
糖粉	45	糖粉	70	瑞可达芝士	80
全蛋	25	杏仁粉	70	蜂蜜	15
盐	少许	全蛋	50	明胶片	1 片
杏仁粉	15	香草荚酱	适量		
低筋面粉	120				

组合与装饰

葡萄	适量
镜面果胶	适量
糖粉	适量

基本做法

塔皮

于无盐黄油中加入糖粉打发，再加入全蛋拌匀，最后加入盐与过筛粉类拌匀，静置冷藏。

杏仁馅

所有材料拌匀备用。

瑞可达内馅

酸奶、瑞可达芝士、蜂蜜与融化明胶片混合均匀备用。

组合与装饰

【塔皮】入模，以 170°C 烤 15 分钟至上色，续倒入【杏仁馅】以 170°C 烤 5 分钟。

填入【瑞可达内馅】，以葡萄装饰，涂上镜面果胶，撒上糖粉即可。

蜂蜜焦糖伯爵茶布丁佐烧柚子

将白色与红色的新鲜柚子果肉铺满蛋糕表面，像极了秋天飘散落叶的大地，仿佛天国里的花园秋景落英缤纷，枫叶摆着手，优雅地往下落。带着蜂蜜焦糖香气的伯爵茶布丁，柔嫩细绵的感觉，掺杂着幽静茶香。纵使热烈的夏天盛极一时，但当悠缓的秋天来临，当时置于日晷上的阴影，也随着秋天的风吹过原野逐渐飘散，正如我们现在品尝得这个小巧的点心，清香的布丁配搭饱满而鲜甜的果子滋味，缓缓入口，只为用味觉无限温柔地将这一切的美好把握。

材料 / 克　　　6 英寸铝模 1 个

蜂蜜焦糖伯爵茶布丁

蜂蜜	45	伯爵茶叶	8
鲜奶油	150	蛋黄	50
牛奶	150	全蛋	25
细砂糖	20		

烧柚子

细砂糖	30
柚子肉	15 片
君度橙酒	20

组合与装饰

新鲜葡萄柚	15 片
柚子酱	适量

基本做法

蜂蜜焦糖伯爵茶布丁

1. 先将蜂蜜煮至焦糖色，倒入模型内备用。
2. 鲜奶油、牛奶、细砂糖和伯爵茶叶煮滚盖上铝薄纸闷 10 ～ 15 分钟后过筛，冲入蛋黄、全蛋拌匀再过筛，倒入做法 (1)，以水浴法蒸烤。
3. 以150℃ 烘烤30分钟，调头，再以100°C 烘烤15 ～ 20分钟，关火再闷10分钟。

烧柚子

先将细砂糖和柚子肉混合，平放在锅内煮滚，再加入君度橙酒烧滚第 2 次，即可放冷。

组合与装饰

于【蜂蜜焦糖伯爵茶布丁】上依序放上柚子酱与【烧柚子】，将两色新鲜葡萄柚交叉混合摆放装饰，冷藏后即可食用。

 TIPS

水浴法就是隔水蒸烤，在烘烤时所添加的水分要超过模型的 1/2，这样完成的布丁才会柔软水嫩。

美式奶酪柚香橘片布丁塔

屋外有波斯菊、玛格丽特、飞掠屋檐的燕子，每样都令人开心愉悦；出现在小餐桌上的甜蜜橘子布丁塔，则是一份生活里的小幸运，滑嫩而带着柠檬香气的布丁馅，与充满香草气息的手工塔完美搭配，精美的口感和柑橘类果肉带来的酸甜美好，新鲜的汁液和果肉带有大自然的清香，如窗外的鲜明景致，蜜般的幸福感油然而生。

材料 / 克　　　6 英寸菊花模 1 个

塔皮		布丁馅		组合与装饰	
无盐黄油	65	奶油奶酪	60	橘片	适量
糖粉	40	鲜奶油	50	柚子瓣	适量
盐	少许	牛奶	25	镜面果胶	适量
全蛋	15	细砂糖	28	糖粉	适量
香草荚酱	适量	全蛋	25	开心果碎	适量
杏仁粉	15	柠檬汁	10		
低筋面粉	90	柠檬皮	适量		
		低筋面粉	6		

基本做法

塔皮

1. 无盐黄油、糖粉与盐打发，加入全蛋蛋液与香草荚酱拌匀，最后加入过筛粉类搅拌均匀。
2. 将做法 (1) 擀开入模，以 170℃烤 15 ~ 20 分钟。

布丁馅

奶油奶酪、鲜奶油与牛奶拌匀，加入细砂糖、全蛋与过筛低筋面粉拌匀，最后加入柠檬汁与柠檬皮拌匀。

组合与装饰

将【布丁馅】倒入【塔皮】，以 170℃烤 15 ~ 20 分钟。表面摆上橘片与柚子瓣，涂上镜面果胶，撒上糖粉与开心果碎即可。

 TIPS

第一次空烤塔皮时要将塔皮烤干，否则第二次烤塔皮吸收内馅的水分，会软烂不易脱模，不易保存。

热带芒果百香蕉糖塔

材料 / 克　　　┌─────────────────┐
　　　　　　　　　　│ 4 英寸慕斯圆模 6 个 │
　　　　　　　　　　└─────────────────┘

布列塔尼酥饼		百香果 & 芒果奶油内馅		焦糖淋面	
无盐黄油	160	全蛋	68	细砂糖	105
细砂糖	160	蛋黄	56	香草豆荚	1/2 支
香草豆荚	1/2 支	细砂糖	90	百香果果泥	35
黄柠檬皮	1/2 颗	百香果果泥	75	芒果果泥	55
蛋黄	80	芒果果泥	130	水	90
低筋面粉	220	明胶片	24	玉米粉	5
泡打粉	10	无盐黄油	68	明胶片	15
		朗姆酒	5		
		绿柠檬皮	1/2 颗		

组合与装饰

树莓	适量
开心果碎	适量
香草豆荚	适量

基本做法

布列塔尼酥饼

1. 将无盐黄油、细砂糖、香草豆荚拌打至呈现浅色状态，再加入黄柠檬皮与蛋黄拌匀，最后加入过筛粉类拌匀成面团，静置 2 小时。
2. 入模，以 165°C 烤 15 ~ 20 分钟。

百香果 & 芒果奶油内馅

1. 将全蛋、蛋黄与细砂糖打至蓬松状态，倒入混合好的两种果泥煮至浓稠。
2. 加入泡软的明胶片后降温，再加入无盐黄油、朗姆酒和绿柠檬皮拌匀即可。

焦糖淋面

1. 将细砂糖煮成焦糖，加入香草豆荚，再加入加热后的果泥煮至焦糖完全溶解。
2. 水和玉米粉拌匀后加入做法 (1)，最后拌入泡软的明胶片。

组合与装饰

于 4 英寸慕斯模框中围入硬围边，依序放入【布列塔尼酥饼】、【百香果 & 芒果奶油内馅】与【焦糖淋面】，表面以覆盆莓、开心果碎与香草豆荚装饰即可。

法式蛋白霜柠檬塔

材料 / 克　　　6 英寸菊花模 1 个，豆子若干

塔皮

无盐黄油	60
细砂糖	40
全蛋	25
杏仁粉	25
高筋面粉	100
白巧克力	适量

柠檬馅

黄柠檬果泥	40
新鲜绿柠檬汁	10
蛋清	50
蛋黄	60
细砂糖	50
明胶片	1.5 片
无盐黄油	38

蛋白霜

蛋清	100
水	45
细砂糖	140

表面装饰

黄柠檬皮	适量
柠檬馅	适量

 基本做法

塔皮

1. 无盐黄油打软，加入细砂糖拌匀，再分次加入全蛋拌匀。

2. 最后加入过筛粉类拌匀成团，冷藏 30 分钟。

3. 将塔皮压入模型，戳洞，压上豆子，以 170℃ 烤 20 分钟。

4. 出炉后，将隔水融化的白巧克力刷上。

柠檬馅

1. 黄柠檬果泥、新鲜绿柠檬汁和 1/2 细砂糖煮滚。

2. 蛋清、蛋黄和剩下的 1/2 细砂糖打散。

3. 将做法 (1) 分次加入做法 (2) 拌匀，回煮至 83° C 浓稠。

4. 再加入泡软的明胶片拌匀，最后加入切成小丁的无盐黄油拌匀。

蛋白霜

1. 蛋清稍微打发。

2. 水和细砂糖煮至 117° C，倒入做法 (1) 中打发。

组合与装饰

将【柠檬馅】倒入【塔皮】后冷藏，挤上剩余的【柠檬馅】与【蛋白霜】，以火枪将【蛋白霜】烧炙上色，最后以黄柠檬皮并挤上一些柠檬馅装饰。

 TIPS

最后装饰若对火枪操作不熟悉，可在塔表面挤上蛋白霜先炙烧上色，等表面稍微冷却再挤柠檬馅，避免馅融化。

黑糖马卡龙

材料 / 克　　　约 20 颗

黑糖马卡龙

杏仁粉	188
黑糖 (1)	300
黑糖 (2)	50
蛋清粉	2
塔塔粉	2
蛋清	150

焦糖牛巧甘纳许

细砂糖	110
无盐黄油	43
鲜奶油	215
葡萄糖浆	10
牛奶巧克力	135
可可脂	10

基本做法

马卡龙

1. 杏仁粉、黑糖 (1) 过筛或用调理机打成细粉状备用。
2. 将黑糖 (2)、蛋清粉和塔塔粉一起混合，加入蛋清打发至干性。
3. 将做法 (1) 和做法 (2) 两者拌至一起，放入裱花袋内挤成所需大小，完成后轻敲烤盘去除气泡。
4. 以 170℃ 烤 13 ~ 15 分钟。

内馅

先将细砂糖煮成焦糖，加入无盐黄油拌匀，再加入热的鲜奶油和葡萄糖浆，最后加入巧克力、可可脂拌匀。

组合

将【内馅】夹入【马卡龙】中即可。

 TIPS

黑糖虽然自有一种独特的香味，但其本身含有矿物质及其他杂质，加入黑糖不太利于蛋清打发，在制作的过程中也比较不容易判断，所以在蛋清打发的阶段要到蛋白霜呈现硬挺的状态，才能降低拌匀过程中所造成的消泡。

和风抹茶芝士蛋糕

材料/克　　　6 英寸慕斯框 1 个

抹茶饼干底

饼干粉	100
无盐黄油	35
抹茶粉	5

芝士面糊

奶油奶酪	220
细砂糖	50
全蛋	55
鲜奶油	45
香草荚酱	适量
抹茶粉	5

组合与装饰

蜜红豆	30
糖粉	适量
抹茶粉	适量

 基本做法

抹茶饼干底

将所有材料混合压平于模型底部后冷冻。

芝士面糊

先将奶油奶酪拌软，加入细砂糖混合拌打至无颗粒状，再慢慢依序加入全蛋、鲜奶油、柳橙皮和香草荚酱混合拌匀，最后加入抹茶粉快速拌匀即可。

组合

1. 先取约130克的【芝士面糊】倒入冷冻【抹茶饼干底】，铺上蜜红豆，再将剩下的【芝士面糊】倒入，将表面抹平。

2. 以 140°C 烤 20 分钟。

3. 撒上糖粉与抹茶粉即可。

> **TIPS**
>
> 奶油奶酪若是刚从冰箱取出，来不及等到退冰，可以利用微波加热，每次 5~10 秒，分多次加热，直到奶油奶酪呈现到适合操作的软度。也可以将奶油奶酪放在钢盆中，以隔水加入的方式搅拌，经过加热的奶酪能有效避免结颗粒的情形，面糊也会比较细致。

鲜果蜜桃马斯卡邦香缇慕斯蛋糕

材料 / 克　　　6 英寸慕斯框 1 个

手指蛋糕体		马斯卡邦香缇慕斯		组合与装饰	
蛋黄	60	鲜奶油	200	水蜜桃	适量
细砂糖 (1)	35	细砂糖	30	奇异果	适量
香草荚酱	适量	蜂蜜	15	蓝莓	适量
蛋清	100	马斯卡邦芝士	100	薄荷叶	适量
细砂糖 (2)	45	明胶片	5	镜面果胶	适量
低筋面粉	80	朗姆酒	10ml		
糖粉	适量				

基本做法

手指蛋糕体

1. 蛋黄、细砂糖 (1) 与香草荚酱打发至微白。
2. 细砂糖 (2) 分次加入蛋清打发。
3. 取 1/2 打发蛋清加入做法 (1) 拌匀，并加入过筛低筋面粉，最后加入剩余的 1/2 打发蛋清拌匀。
4. 将面糊装入裱花袋，于烤盘中挤出手指形，撒上糖粉，以 180℃烤约 10 ~ 12 分钟。

马斯卡邦香缇慕斯

鲜奶油、细砂糖与蜂蜜打发，加入马斯卡邦芝士、泡软的明胶片和朗姆酒拌匀。

组合与装饰

将【手指蛋糕体】围入慕斯圆模内，倒入【马斯卡邦香缇慕斯】，以水果与薄荷叶装饰，涂上镜面果胶即可。

 TIPS

本食谱中示范的手指蛋糕体，是属于风味比较清爽的做法。若是喜欢风味上的变化，在手指蛋糕的部分，可以将部分的低筋面粉改为其他风味粉类，例如可可粉、抹茶粉等。再搭配季节莓果就是另外一种风情的甜点了。

{ 意式蛋白柠檬塔 }

细致的意大利蛋白霜挤成花装饰在内馅与塔皮上，宛如一朵朵悠哉绵密的云朵等着你邂逅，又像一朵朵含苞的花朵在等待绽放的时机。烧炙后的糖霜烙下了想念的印记。

材料 / 克　　6 英寸塔模 1 个

杏仁甜塔皮		柠檬奶油馅		意式蛋白霜	
低筋面粉	80	全蛋	100	蛋清	100
无盐黄油	48	细砂糖	110	细砂糖	220
糖粉	30	柠檬汁	80	水	30
全蛋	18	柠檬皮	1 颗		
盐	少许	玉米粉	4		
杏仁粉	10	无盐黄油	170		

基本做法

杏仁甜塔皮

将无盐黄油、低筋面粉、糖粉、杏仁粉、全蛋及盐拌成团后冷藏备用。

柠檬奶油馅

全蛋、细砂糖、玉米粉、柠檬皮和柠檬汁拌匀，隔水加热至 80℃后放凉至 30℃，加入软化无盐黄油拌匀，冷藏备用。

意式蛋白霜

细砂糖加水煮至 118℃后冲入蛋清中打发。

组合与装饰

1. 【杏仁甜塔皮】擀成 0.3 厘米厚度，铺在派盘上，押上重石，以 180℃烤 15 分钟后取下重石，续烤 15 分钟取出，表面涂上蛋液后续烘烤 5 分钟，取出放凉备用。

2. 将做法 (1) 先铺上【柠檬奶油馅】挤上【意式蛋白霜】装饰即完成。

 TIPS

为了让塔皮保有一定的酥脆度，再压豆子烤的时候一定要充分地烤干，这样塔皮才不会吸收内馅中的水分而回潮，而取出豆子后刷上蛋液再次烤的动作也是为了让塔皮保持酥脆，还可以在确定塔皮烤熟后表面抹上薄薄一层的巧克力，因为巧克力中的油脂可以阻挡内馅中的水分渗进塔皮中！

September | 十月

旅行手绘本

清晨的烟雾，夏日的涩甜，纯白的鲜奶，光与蜂蜜都跳跃着。在所有移动的旅程当中，选择一种另类安静，自由恣意的小旅行。晨光透进窗棂，来回穿梭的双手，料理台上的食物正悸动着，与香气一同转旋的是如蜜般的喜悦。厨房里，德布西的《快乐岛》乐章响起，我们用眼睛和味觉在这世界旅行，一页页旅游与美味的记事分类索引，让回忆里的滋味变得更有层次，这份感动，烙在心底，让我们在往后的人生中不断咀嚼。

绵密金黄的奶酪，柔软细腻的海绵蛋糕，祥和又宁静的结合，温柔口感如黄昏薄暮中的鸟儿，飞临温暖的归巢。因为一个真挚而诚意的蛋糕，我们彻夜编织着古老的舞步，交流着眼神、交缠着手臂，绕着营火转圈，仿佛与一位仙子拉着手彻夜飞舞，直至月亮隐没、黎明降临，花和叶在阳光里招摇，它们因过度幸福宁愿凋萎成真理。

北海道蒸烤芝士蛋糕

 材料／克　　6 英寸蛋糕模 1 个

北海道重奶酪

奶油奶酪	220	蛋清	50
细砂糖 (1)	20	细砂糖 (2)	30
蛋黄	30		
无盐黄油	10		
鲜奶油	15		

海绵蛋糕

全蛋	150
细砂糖	85
低筋面粉	80
无盐黄油	15

基本做法

北海道重奶酪

1. 将奶油奶酪与细砂糖 (1) 拌至软化，再加入蛋黄、融化无盐黄油和鲜奶油混合。
2. 蛋清和细砂糖 (2) 拌打至五分发，与做法 (1) 混合。

海绵蛋糕

1. 全蛋与细砂糖拌打至有深纹路且呈浓稠状，再加入过筛低筋面粉拌匀。
2. 取部分面糊与融化奶油充分混合后，再与剩余面糊充分混合拌匀。
3. 入模，以 170℃ 烤 25 分钟，调头再烤 5 分钟，关火闷 5 分钟。

组合

1. 将北海道重奶酪倒入已放入海绵蛋糕的模型中。
2. 烤箱预热 200℃，入炉后以 180℃隔水蒸烤 40 ～ 50 分钟。

{ 法式焦糖巧克力苹果咖啡香缇塔 }

花园里深红的玫瑰睡着了，屋外步道旁的柏树不再摇曳，所以我们换上了糖蜜的苹果，层层叠叠在香溢的可可塔上，绽放一朵金黄的花；咖啡香缇恣意展现它的姿态和香气，仿佛精灵般地发出晶莹的光。餐盘上静置的糕点，如宁静大地迎向星辉，等待寂静的彗星滑落，留下闪光的轨道，收拢起所有的甜美，全数填入塔中。

 材料 / 克　　　6 英寸菊花模 1 个

塔皮		内馅		焦糖巧克力甘纳许	
无盐黄油	60	杏仁粉	35	细砂糖	40
糖粉	40	无盐黄油	30	鲜奶油 (1)	60
香草荚酱	适量	细砂糖	25	牛奶巧克力	35
全蛋	20	全蛋	30	苦甜巧克力	35
低筋面粉	100	香草荚酱	适量	鲜奶油 (2)	35
可可粉	12	苦甜巧克力	25		

糖渍苹果片		咖啡香缇	
细砂糖	100	咖啡粉	5
水	70	鲜奶油	150
柠檬汁	适量	细砂糖	20
苹果	1 ~ 2 颗	卡鲁哇咖啡酒	10ml

基本做法

塔皮

将室温软化的无盐黄油与过筛糖粉搅拌均匀，再加入香草荚酱与全蛋拌匀，最后加入过筛粉类并压平、冷藏备用。

糖渍苹果片

细砂糖、水与柠檬汁煮滚后加入苹果片煮至透明，放凉备用。

咖啡香缇

所有材料混匀后打发备用。

内馅

将杏仁粉、无盐黄油与细砂糖打发，分次加入全蛋、香草荚酱与融化巧克力混合均匀。

焦糖巧克力甘纳许

细砂糖煮至焦化，冲入降至常温的鲜奶油 (1)，再加入巧克力，冷却后再加入打发鲜奶油 (2) 拌匀。

组合

于【塔皮】内填入【内馅】，以 170 ~ 180℃烤 25 ~ 30 分钟。再挤入【焦糖巧克力甘纳许】，放上【糖渍苹果片】，以【咖啡香缇】挤花装饰即可。

材料 / 克　　　6 英寸海绵模 1 个

饼干底

饼干粉	90
无盐黄油	45
柳橙皮屑	1/2 颗

原味奶酪酱

奶油奶酪（软化）	300
细砂糖	100
牛奶	30

香蕉奶油奶酪面糊

奶油奶酪	400	巧克力酱	适量
红糖	125		
全蛋	100		
香蕉	125	**装饰**	
牛奶	25	香蕉片	适量
香草荚酱	适量	薄荷叶	适量
鲜奶油	25	巴瑞脆片	适量
玉米粉	20		

 基本做法

饼干底
所有材料混合后入模压平，冷冻备用。

原味奶酪酱
所有材料混合即可。

香蕉奶油奶酪
1. 奶油奶酪与红糖充分拌匀，慢慢加入全蛋与香蕉拌匀。
2. 再加入牛奶、香草荚酱、鲜奶油及玉米粉、巧克力酱混匀即可。

组合
1. 将【香蕉奶油奶酪面糊】倒入【饼干底】，挤上巧克力酱后以竹篾勾花。
2. 以上火 200°C/ 下火 100°C，烤 20 分钟后调头，再以上火 150°C / 下火 100°C，烤 25 分钟，出炉冷却后以【原味奶酪酱】、香蕉片、薄荷叶与巴瑞脆片装饰即可。

 TIPS

压现成饼干成细粉状的饼干粉，选用的饼干无特定限制，需依其含油及含糖量调整配方，饼干含油量高则奶油量需减。

香蕉芝士蛋糕

早晨满是幸福之光，窗外云朵漫游，如一条条道别的雪白手帕，以香甜的香蕉缀在奶酪蛋糕上，如管弦乐神圣地鸣响，快速的音符让鸟群跳动，偏离了飞翔的方向。随手摆上的几片青绿薄荷叶，飘飘伸展像自由的微笑。将这个刚完成且香气十足的蛋糕端上，原本的话语被这份美味染上颜色，让它凝成香露锁在回忆的玻璃瓶里。

抹茶慕斯蛋糕

午后的光在天空下闪耀，风中飘来属于抹茶的香气，蛋糕做成的星星，如在夜间群山后面那片森林，燃烧的绿色百合，那是万般滋味的混合，一片片切开的味觉渴望。有多少星星会这样坠落在以香草构筑的巴巴露亚海中，仿佛在眉间画下一个崇敬的十字，周边的金黄色手指蛋糕，一如我的思绪，转旋如疯狂之轮。

材料 / 克　　　6 英寸慕斯圆模 1 个

手指蛋糕		香草巴巴露亚		抹茶蛋糕	
蛋黄	45	细砂糖	40	蛋黄	3 个
细砂糖 (1)	30	蛋黄	35	细砂糖	100
香草荚酱	少许	香草荚酱	少许	蛋清	3 个
蛋清	65	牛奶	100	低筋面粉	40
细砂糖 (2)	30	明胶片	1.5 片	玉米粉	35
低筋面粉	65	朗姆酒	10	抹茶粉	8
糖粉	适量	鲜奶油	100		
酒糖液	适量				

 基本做法

手指蛋糕
1. 蛋黄和细砂糖 (1)、香草荚酱打发至微白。
2. 细砂糖 (2) 分次加入蛋清打发，与做法 (1)、过筛低筋面粉拌匀，挤为两份螺旋状与一份长型围边，撒上糖粉以 180℃烤 10 ~ 12 分钟。

香草巴巴露亚
1. 细砂糖加入蛋黄和香草夹酱打发微白。
2. 牛奶煮至冒烟，冲入蛋黄锅中，回煮至浓稠，加入泡软的明胶片和加入朗姆酒打发的鲜奶油。

抹茶蛋糕
1. 蛋黄打发至微白，细砂糖分次加入蛋清打发。
2. 再加入过筛粉类拌匀，以 190℃烤 10 ~ 12 分钟。

组合

取一 6 英寸慕斯模，以手指蛋糕围边并放入螺旋手指蛋糕为底部，灌入香草巴巴露亚后冷藏冰硬，续放入抹茶蛋糕，并灌入剩余的香草巴巴露亚，盖上另一片手指蛋糕，并以切为星型的抹茶蛋糕装饰即可。

香蕉巧克力煎饼

完整而简洁的香蕉巧克力煎饼，薄而透明的饼皮，包裹着有着小小心机的香甜卡士达，这一切自成一体。表面以带着夏日气息的新鲜香蕉铺底，深褐色的巧克力酱随意淋上，烤出香气的核桃正好依势附着，如爱恋着一条流向幸福海洋的河，远离带着水与威胁的粗暴激流，因对糕点的热爱与赤诚，在温暖微风之处安居停泊。

材料 / 克　　约 5 片

煎饼		卡士达内馅		组合	
低筋面粉	40	蛋黄	40	香蕉	1 支
红糖	15	细砂糖	60	巧克力酱	适量
全蛋	45	玉米粉	15	核桃	20
植物奶油	5	牛奶	200		
牛奶	65	香草荚酱	适量		
鲜奶油	40	鲜奶油	适量		
		无盐黄油	5		

基本做法

煎饼

1. 低筋面粉过筛后加入红糖拌匀。
2. 分次加入全蛋、植物奶油、牛奶及鲜奶油拌匀。
3. 入锅后两面煎至金黄即可。

卡士达内馅

1. 蛋黄加入一部分细砂糖和玉米粉混合备用。
2. 将牛奶、香草荚酱和鲜奶油与剩下的细砂糖一起煮滚，冲入做法 (1) 后充分搅拌，回煮至浓稠后离火，放入鲜无盐黄油拌匀冷却备用。

组合

【煎饼】、【卡士达内馅】、香蕉、巧克力酱和核桃，依个人喜好组合即可。

 TIPS

在制作煎饼皮时，若是使用不粘锅，冷锅时在锅面擦上一层油，等锅面温度升高即可开始操作。

材料／克　　　8 英寸慕斯圆模 1 个

蛋糕体		装饰栗子泥		白香草淋酱	
无盐黄油	112	无糖栗子泥	100	鲜奶油	47
糖粉	67	糖粉	70	牛奶	47
无糖栗子泥	118	芝士粉	20	香草荚酱	5
香草荚酱	2	鲜奶油	12	葡萄糖浆	24
全蛋	142	朗姆酒	10	白巧克力	70
低筋面粉	142			明胶片	2.5
可可粉	10	组合与装饰		镜面果胶	45
泡打粉	6	巧克力饰片	适量		
栗子粒	75	栗子	适量		
朗姆酒	20				

基本做法

蛋糕体

1. 无盐黄油、糖粉、栗子泥和香草荚酱打微发。

2. 分次加入全蛋，再加入过筛粉类拌匀。

3. 最后拌入切丁栗子、朗姆酒。

4. 以 180°C 烤 15 ~ 20 分钟。

装饰栗子泥

将栗子泥加入细砂糖、芝士粉、鲜奶油及朗姆酒拌匀即可。

白香草淋酱

将鲜奶油、牛奶、香草荚酱煮滚后加入葡萄糖浆，再加入白巧克力、明胶片和镜面果胶拌匀即可。

组合与装饰

【蛋糕体】淋上【白香草淋酱】后，用栗子泥饰即可完成。

法式栗子巧克力蛋糕佐白香草淋酱

白色的香草淋酱以其透明典雅之姿，浓稠地铺盖在带着法式浪漫口味的栗子巧克力蛋糕上，仿佛渴望溶失如光却溶失于光地漫开来，带着独特香气和甘味的栗子，松软缠绵的在嘴里释放它的魅力；被这样的美好滋味如风暴般横扫，静听这世界的低语和关怀，生活里的小小确幸是风中沙沙的树叶声。

树莓酸樱桃蛋糕佐树莓甘纳许

宁静的夜晚，我问月亮："你在期待什么？"月亮说："我在为必须让路的太阳致敬。"此景如咕咕洛夫蛋糕上的树莓甘纳许，鲜艳的桃红绽放着对天空的仰望，一抹百里香的绿意伸展其间，仿佛是沉默的大地发出的渴望声音；生命的每一天总有新奇之事，这一口带着樱桃香气的甜美糕点，则是我今日最幸福的感动。

材料 / 克   咕咕洛夫模 3 个

					树莓甘纳许	
无盐黄油	230	玉米粉	34		白巧克力	166
糖粉	230	蛋清	130		树莓果泥	125
杏仁粉	240	细砂糖	56		明胶片	6
蛋黄	90	酸樱桃	适量			
全蛋	50				树莓果酱	
树莓果泥	60				冷冻树莓	120
低筋面粉	90				细砂糖	58

基本做法

1. 奶油与糖粉混合后打发，加入杏仁拌匀。
2. 再加入蛋黄、全蛋、树莓果泥和过筛粉类拌匀。
3. 蛋清和细砂糖打发，拌入做法 (2)。
4. 先将酸樱桃放入模型，再将做法 (3) 倒入。
5. 以 175°C 烤 30 ~ 35 分钟。

树莓甘纳许
白巧克力融化加入树莓果泥，再加入泡软的明胶片拌匀放冷备用。

树莓果酱
冷冻树莓和细砂糖混合，煮至浓稠即可。

组合
将蛋糕以树莓甘纳许挤花装饰，点上树莓果酱即可。

 TIPS

奶油打发的蛋糕，除少量多次加入全蛋外，还可将蛋分开，蛋清加糖制成蛋白霜后加入，成品较为轻盈柔软。

塔香海盐法式圆面包

融入罗勒香的圆面包，没有过多的装饰，也没有复杂的工序，安安静静地在室内的角落绽放属于香料与麦香混合而成的清芳，如云般谦卑地站在天之一隅；绿叶的生死，掌握在风的转动变化，只能依风而定。平凡悠然的日子，就如眼前这个结实嚼劲的手工面包，像是环绕老树的藓苔，安稳依附着平安幸福的心。

材料 / 克　　约 8 颗

液种面团

T55 面粉	60
水	60
酵母	0.02

主面团

T55 面粉	140
海盐	4
酵母	1
水	76
罗勒	20
蒜干	2

基本做法

液种面团

将液种材料混合均匀，室温发酵 16 ~ 18 小时。(室温 25 ~ 28° C)

主面团

1. 将【液种面团】和主面团所有材料 (除了罗勒与蒜干之外)，全部加入搅拌至扩展阶段，最后拌入罗勒与蒜干。

2. 基本发酵 60 分钟，翻面 60 分钟。

3. 分割，中间发酵 25 分钟。

4. 整形，最后发酵 50 分钟。

5. 以上火 200℃ / 下火 220℃，烤约 20 分钟。

 TIPS

不管是精制盐或是天然的盐，都会吸收大气中的湿气，而含有湿气的盐就会比较重，虽然是微不足道的差异，但为追求每次的品质相同，有些面包店会将盐先以平底锅小火烘干再使用。在家里可以在盐中放入一点点生的米粒，让盐随时保持干燥。

核桃酸奶蛋糕佐综合莓果酱

若说这金黄的蛋糕体是大地的根基，那么匠心独具如沙砾的核桃酥便是这大地上珍贵的沃土，只需再放上几颗刚从树上摘下的新鲜莓果，这个季节的丰收便已呈现在这方寸食盘中。虽说这世上没有不会消失的鲜香，但仍愿长夏永远不会凋落，如这皎洁的芬芳香气这般长存于厨娘的手中，并给人留下动人的记忆。

材料 / 克　　　　小型花形模 15 个

蛋糕体

无盐黄油	113	海盐	3
细砂糖	200	小苏打粉	3
全蛋	110	泡打粉	6
酸奶	175	鲜奶油	30
香草荚酱	5	色拉油	10
低筋面粉	225		

核桃酥

无盐黄油	83
红糖	95
低筋面粉	100
核桃	85
肉桂粉	适量
海盐	适量

综合莓果酱

玉米粉	40	树莓果泥	125
葡萄糖浆	125	柳橙汁	250
黑醋栗果泥	125	冷冻综合莓果	250

基本做法

蛋糕体

1. 无盐黄油与细砂糖混合后打发。
2. 加入全蛋、酸奶、香草荚酱拌匀后，再加入过筛粉类拌匀，最后加入鲜奶油、色拉油拌匀。

核桃酥

所有材料拌匀至粗砂状。

综合莓果酱

1. 玉米粉与葡萄糖浆混合。
2. 黑醋栗果泥、树莓果泥和柳橙汁混合加热煮沸。
3. 做法 (1) 和做法 (2) 混合再煮沸，加入冷冻综合莓果，倒在硅胶垫上冷却。

组合

将【蛋糕体】面糊挤入一部分于模中，放入【综合莓果酱】，再挤入面糊，放上【核桃酥】，以 180° C 烤 20 分钟。

香橙奶酪奶油蛋糕佐芒果淋酱

混合了新鲜柳橙的果肉和果皮，这蛋糕有一种夏日微风吹掠的沁心舒畅，金黄的芒果薄片排成一朵高贵的玫瑰，它盛开在自己的绿叶里，以过多的甜味使偷香者沉迷；入口即化的果香与轻盈的蛋糕融为一体，空气里充满着透明的微甜，满足之心如蜂群涌入，名为幸福的声音，在愉悦的心灵深处响着。

材料 / 克　　6 英寸海绵模 1 个

蛋糕体				芒果淋酱	
无盐黄油	100	低筋面粉	76	水	20
糖粉	100	泡打粉	4	马铃薯淀粉	26
奶油奶酪	80	芝士粉	6	芒果果泥	200
全蛋	120	柳橙肉	40	细砂糖	120
高筋面粉	52	柳橙皮屑	1 颗	明胶片	10
				镜面果胶	200
		组合与装饰		君度橙酒	26
		芒果	适量		
		开心果碎	适量		

基本做法

蛋糕体

1. 无盐黄油和糖粉打发。

2. 加入奶油奶酪、全蛋和过筛粉类拌匀，最后加入柳橙肉与柳橙皮屑拌匀。

3. 入模，以 170°C 烤约 30 分钟。

芒果淋酱

水与马铃薯淀粉拌匀，芒果果泥和细砂糖加热，两者混合煮至浓稠，加入泡软的明胶片、镜面果胶和君度橙酒拌匀即可。

组合

【蛋糕体】淋上【芒果淋酱】，芒果切薄片于蛋糕表面排为花型，撒上开心果碎即可。

TIPS

淋酱制作常使用明胶片、吉利丁粉，凝固后不具流动性；使用的马铃薯淀粉也让成品更水润，常用于常温蛋糕上。

{ 金色南瓜欧瑞尔鲜奶油蛋糕 }

好爱这明亮如阳光般的南瓜鲜奶油蛋糕，仿佛在阳光中，阴影可以消除，忧愁可以淡忘，想象可以无穷。在柔软的蛋糕体中加了肉桂粉，增添了一股香料特有味中带甜得芬芳馥郁，以新鲜南瓜做成的内馅与香缇，金黄的色泽似太阳般可以照透心灵，甜美而滋润地滑过喉头，在午后时分，忆起生活里愉悦丰富的时光。

材料 / 克　　　6 英寸海绵模 1 个

蛋糕体		南瓜馅		南瓜奶油香缇	
全蛋	3 个	南瓜泥	100	鲜奶油	200
细砂糖	70	细砂糖	10	细砂糖	20
牛奶	20	无盐黄油	10	朗姆酒	25
蜂蜜	15			南瓜泥	200
低筋面粉	85				
肉桂粉	少许			组合与装饰	
无盐黄油	30			巧克力夹心饼干	100
				开心果碎	适量

基本做法

蛋糕体

1. 全蛋和细砂糖打发，加入牛奶、蜂蜜、过筛粉类及无盐黄油拌匀。

2. 入模，以 170 ~ 190℃烤 25 ~ 30 分钟。

南瓜馅

南瓜泥和细砂糖加热拌匀，放入无盐黄油混匀备用。

南瓜奶油香缇

鲜奶油加入细砂糖和朗姆酒，打发后加入南瓜泥拌匀。

组合与装饰

【蛋糕体】切分为四片，分别抹入【南瓜馅】与【南瓜奶油香缇】，以【南瓜奶油香缇】
抹面与挤花，最后用巧克力夹心饼干与开心果碎装饰即可。

 TIPS

抹面时，要让蛋糕表面尽可能平滑，完成南瓜泥时可利用粉筛将南瓜泥过筛两次，较长纤
维会变得细致均匀。

{ 蒙布朗栗子卡士达咖啡蛋糕 }

蒙布朗蛋糕最代表性的外表就是一条条细长的栗子馅所堆起的高峰，而栗子馅的软硬度十分关键，馅料太软挤出来的线条就会不明显，而太硬的馅则挤不出来。

材料 / 克　　6 英寸海绵模 1 个

蛋糕体

蛋黄	60	蛋清	100
细砂糖 (1)	35	细砂糖 (2)	55
植物奶油	30	低筋面粉	70
牛奶	40		
咖啡粉	5		

夹馅

蛋黄	20
细砂糖	20
香草荚酱	适量
低筋面粉	12
牛奶	120
鲜奶油	150

栗子馅

栗子泥	150
朗姆酒	10ml
鲜奶油	15

组合与装饰

栗子碎	适量
法式栗子	8 颗
糖粉	适量

基本做法

蛋糕体

1. 植物奶油、牛奶与咖啡粉加热备用。
2. 蛋黄、细砂糖 (1)、做法 (1) 拌匀。
3. 蛋清与细砂糖 (2) 打发。
4. 做法 (2)、做法 (3) 及过筛低筋面粉交错拌匀。
5. 入模，以 180℃烤 25 ~ 30 分钟。
6. 横剖为三片蛋糕片备用。

栗子馅

栗子泥、朗姆酒与鲜奶油拌匀。

夹馅

1. 蛋黄、细砂糖、香草荚酱与低筋面粉拌匀。
2. 牛奶煮滚冲入做法 (1)，煮至沸腾，降温后加入鲜奶油。

组合与装饰

【蛋糕体】中依序夹入【夹馅】与切碎的栗子，以剩余的【夹馅】抹面，以【栗子馅】挤花装饰，放上栗子粒并撒上糖粉。

芝麻豆腐蛋糕

 材料 / 克　　| 7 英寸戚风模 1 个 |

无糖豆浆	30	低筋面粉	35
细砂糖 (1)	5	玉米粉	10
植物奶油	15	芝麻粉	10
橄榄油	15	蛋清 (2)	130
蛋清 (1)	40	细砂糖 (2)	55

基本做法

1. 将无糖豆浆、细砂糖 (1)、植物奶油、橄榄油和蛋清 (1) 混合，再加入过筛粉类混合。
2. 蛋清 (2) 和细砂糖 (2) 打发至 8 分发，再与做法 (1) 混合，倒入模型。
3. 以 175°C烘烤约 25 ~ 30 分钟至上色。
4. 撒上糖粉与芝麻粉装饰即可。

 TIPS

一般制作蛋糕最常使用奶油，因为奶油独特的香味以及延展性可以发展出多样变化的甜点，而本食谱中之所以使用植物奶油，是因为奶油会随着温度的变化而改变硬度，但植物奶油对于温度没有那么敏感，所以制作出来的蛋糕即使放在冷藏依旧可以保持柔软。

{ 酒香奶油柠檬塔 }

细致的意大利蛋白霜挤成花装饰在内馅与塔皮上，宛如一朵朵悠哉绵密的云朵等着与你邂逅，又像一朵朵含苞的花朵，等待绽放的时机，烧炙后的糖霜烙下了想念的印记。

材料 / 克　　　6 英寸菊花模 1 个

塔皮		内馅		意大利蛋白霜	
低筋面粉	75	全蛋	2 个	蛋清	100
高筋面粉	60	柠檬汁	50	水	45
杏仁粉	15	细砂糖	100	细砂糖	140
糖粉	50	明胶片	1 片		
盐	1	无盐黄油	80		
全蛋	35	柠檬酒	5		
无盐黄油	80				

 基本做法

塔皮

1. 将面粉、杏仁粉、糖、盐及无盐黄油切小丁，加入全蛋、拌匀成团静置。

2. 将做法 (1) 擀成模型大小，入模后戳洞压上豆子，以 180℃ 烤 15 分钟。

3. 取出豆子回烤 10 分钟。

内馅

全蛋及细砂糖隔水加热至浓稠，加入剩余材料拌匀备用。

意大利蛋白霜

1. 蛋清稍微打发。

2. 水和细砂糖煮至 121°C，倒入做法 (1) 中打发。

组合

将【内馅】倒入【塔皮】，以【意大利蛋白霜】挤花，表面以喷枪烧炙上色即可。

> **TIPS**
>
> 若是家中没有喷枪可以烧炙蛋白霜，可以将蛋白霜挤好后，在表面撒上糖粉，以低温烘烤至表面酥脆。

柠檬巧巴达

巧巴达是意大利的经典面包之一，因为很像外国人穿的拖鞋而命名，因为面团需要含水量较高，所以师傅的揉面技巧十分重要，出炉时外皮酥脆，剥开后可以看见明显的孔洞，适合餐前及当正餐食用。

 材料 / 克　　约两颗

T55 面粉	300	水	350
高粉	200	冰块	75
盐	10	橄榄油	40
酵母	3.5	柠檬皮	2 颗

基本做法

1. 除了冰块以外的材料一起搅拌至光滑后，将碎冰以中速慢慢加入，搅拌至扩展阶段即可。
2. 进行基本发酵 60 分钟，翻面 30 分钟。
3. 面团分割后进行最后发酵 30 分。
4. 以上火 230℃ / 下火 220℃，烘烤 25~30 分钟。

—October 10月

咖啡馆的美味漫步

每到一个陌生城市，不自觉会寻找咖啡馆，离开一座城市，念念不忘的常常也是咖啡馆的画面。每座咖啡馆都有独特的味道，从磨豆机窜出的自然香气，空气中沉淀的舒缓余香，以及如灵魂伴侣般的手工甜点，补充了旅人饱满的情绪张力，仿若旅途中的片刻天堂。在城市的某一处，永远都会有一间咖啡馆等着自己，品尝一杯好咖啡，吃一口满足味蕾与心灵的点心，与属于美好年代的那些特定记忆一起漫步。

{ 夏威夷五谷养生金枣蛋糕 }

手作蛋糕，单纯朴实的滋味，如月亮的线条、苹果的小径，纤纤口感有如赤裸的麦粒，深褐色的表面如古巴的夜色，坚果与金黄果干如同藤蔓和星群穿梭其间，辽阔橙黄的表面，像夏日流连忘返的金色教堂，内蕴深远的剖面香气，搭配薄荷的翠绿色泽，像波光粼粼的水波和滚滚的小麦沙尘，交织成的隐形空气。

材料 / 克　　　长方形模型 (17.5 厘米 x8.5 厘米 x7 厘米) 2 个

无盐黄油	120	核桃 (烤)	10	表面装饰	
糖粉	90	葵瓜子 (烤)	10	金枣	适量
蛋黄	40	杏仁片	10	糖粉	适量
低筋面粉	110	糖渍金枣	20	薄荷叶	适量
泡打粉	2	蛋清	70		
杂粮粉	20	蜂蜜	20	酒糖液	
夏威夷豆 (烤)	30	樱桃白兰地	16	水	50
				细砂糖	50
				君度橙酒	20

基本做法

1. 无盐黄油与糖粉打发后加入蛋黄拌匀，再加入过筛粉类，最后加入坚果与糖渍金枣拌匀。
2. 蛋清与蜂蜜打发，加入做法 (1) 拌匀，最后加入樱桃白兰地。
3. 入模，以 170℃ 烤 25 ~ 30 分钟。
4. 出炉后，表面刷上【酒糖液】，并以金枣、糖粉及薄荷叶装饰即可。

酒糖液

细砂糖加水煮滚，加入君度橙酒拌匀放凉备用。

TIPS

拌在面糊里的坚果要以低温烤至有香气，完成的蛋糕才会充满坚果的风味喔！

法式杏仁奶缇脆片香蕉塔

走过一座冷冷山巅,迷失徘徊森林,寻寻觅觅间,忽见金色花朵点缀水上伊人飘飞的乌云秀发,悠然的动人景致,犹如眼前这个铺满奶油与香缇,缀满香甜香蕉与巧克力脆片的幸福之塔,随意而型的浑然饱满美味,宛如大自然中郁郁葱葱的野芹花;切一片完好的香蕉塔,搭配一杯浓醇咖啡,斜倚浅尝,疲惫全消。

材料 / 克　　　　6 英寸菊花模 1 个

塔皮		杏仁奶油馅		奶油香缇	
无盐黄油	60	无盐黄油	30	鲜奶油	200
糖粉	50	糖粉	45	细砂糖	20
盐	少许	全蛋	40	朗姆酒	15
全蛋	20	杏仁粉	50		
低筋面粉	80			组合与装饰	
高筋面粉	30			香蕉	两条
				巧克力脆片	30

 基本做法

塔皮

1. 无盐黄油、糖粉与盐拌匀，分次加入全蛋拌匀，再加入过筛粉类混匀成团后，静置 30 分钟至 1 小时。

杏仁奶油馅

1. 无盐黄油、糖粉打发，加入全蛋与杏仁粉拌匀。

奶油香缇

1. 所有材料混匀后打发。

组合与装饰

1. 于【塔皮】内倒入【杏仁奶油馅】，以 170 ～ 180℃烤 20 ～ 30 分钟。冷却后挤上【奶油香缇】，放上切片香蕉并撒上巧克力脆片即可。

TIPS

杏仁奶油馅在制作的过程中，要将奶油充分的打发，口感才会膨松柔滑，内馅才不会太过紧实油腻。

材料 / 克　　　6 英寸菊花模 1 个

塔皮		奶酪面糊		焦糖酱	
无盐黄油	40	奶油奶酪	160	红糖	50
糖粉	25	细砂糖	40	细砂糖	50
盐	1	蛋黄	50	鲜奶油	150
香草荚酱	1	无盐黄油	40	无盐黄油	20
全蛋	15				
中筋面粉	70			装饰	
杏仁粉	10			开心果碎	适量
				糖粉	适量

基本做法

塔皮

将所有材料混合，以压拌法成团并压平至所需大小，冷冻约 20 分钟备用。

奶酪面糊

将奶油奶酪和细砂糖打软并慢慢加入蛋黄混合，最后加入融化无盐黄油拌匀。

焦糖酱

将红糖、细砂糖倒入锅中煮至焦糖色 (180°C)，再加入鲜奶油混合拌匀，回煮至糖融，最后加入融化无盐黄油混合均匀并过筛即可。

组合

1. 将【塔皮】切割捏入塔模，用叉子戳洞，放入冷冻至塔皮变硬，挤上【焦糖酱】，并倒入【奶酪面糊】。

2. 以 200°C 烤 25 分钟至塔皮上色，关火闷约 10 ~ 15 分钟。

3. 挤上剩余的【焦糖酱】装饰，撒上开心果碎与糖粉即可。

TIPS

将奶酪面糊倒入塔皮时，面糊要加到几乎溢出边缘的满度；若无，成品看起来会像凹下去般影响美观。

焦糖奶酪塔

壁炉静默着，任香气恣意飘散，塔上盘旋的焦糖酱，在由蛋黄与奶油带出的金黄表面上，留下甜蜜的足迹，循着开心果留下的味道线索，引出那些刻镂隐形之金的蜜蜂们。安静的午后；一切阴影无止境的低语，欲望从舌下攀爬，只为了这刚出炉热烘烘的焦糖奶酪塔。

材料 / 克　　　约 5 颗

高面筋粉	200	水	136	炼乳奶油馅	
盐	4	无盐黄油	16	无盐黄油	100
细砂糖	6			炼乳	50
新鲜酵母	6				
炼乳	适量				

 基本做法

1. 高面筋粉、盐、糖混合均匀。

2. 加入新鲜酵母、炼乳、水、无盐黄油，慢速搅拌 3 分钟，中速搅拌 3 分钟，再慢速搅拌 3 分钟，最后以中速搅拌至扩展阶段。

3. 基本发酵 60 分钟。

4. 翻面，中间发酵 30 分钟。

5. 分割每个 70 克，松弛 20 分钟。

6. 整形，最后发酵 50 分钟。

7. 以 180℃烤 15 分钟。

8. 出炉后放凉，剖开后以裱花袋挤入【炼乳奶油馅】即可。

炼乳奶油馅

将放至室温的奶油与炼乳拌匀即可。

TIPS

新鲜酵母对于环境中的温度、水分等非常敏感，开封后需放置密闭容器中，保存期限约为 2 周。

炼乳维也纳面包

当我把炼乳奶油抹入两片面包之中，时间仿佛停止了，环顾四周，空间吞噬希望；美好的食物是需要被分享的，就像人的一生无法一人度过。我如是等着，仿佛一间孤寂的屋子，等到那个谁愿意再次出现，窗外的飞灰、流浪的水声、朦胧的微风，像一颗颗飞行的小麦种子导引希望，与我共享。

玫瑰苹果杏仁蛋糕佐开心果塔

盛开的玫瑰大地，黄色柠檬熟睡在花瓣与花瓣的缝隙间，以此等纯粹的狂热，花一般的心在胸间歌唱，芬芳香甜的杏仁内馅温驯的味道，坦率如白日之光，仿佛春天一样绽放万物的奇迹，所有的风将因此吹拂，带着苹果和玫瑰的浓郁芳霏，那滋味让所有的泉水闪烁，所有的圆石发光，即使是荒野也将开出花朵。

材料 / 克　　　6 英寸菊花模 2 个

开心果塔皮		玫瑰苹果杏仁内馅		组合与装饰	
无盐黄油	110	杏仁膏	200	镜面果胶	适量
葡萄糖浆	15	无盐黄油	125	黄柠檬皮	适量
糖粉	25	玫瑰花瓣酱	50	玫瑰花瓣	适量
全蛋	30	全蛋	125		
盐	2	低筋面粉	75		
开心果酱	30	苹果	3 颗		
中筋面粉	200				
泡打粉	3				
伯爵茶粉	2				

基本做法

开心果塔皮

1. 无盐黄油、葡萄糖浆与糖粉拌匀，依序加入全蛋、盐、开心果酱与过筛粉类，拌成团。
2. 压平后冷藏备用。
3. 入模，以 175℃ 烤约 15 分钟。

玫瑰苹果杏仁内馅

1. 杏仁膏与无盐黄油打散后加入玫瑰花瓣酱与全蛋，最后加入过筛低筋面粉拌匀即可。
2. 苹果切片泡热水软化后，滤干备用。

组合与装饰

1. 将【玫瑰苹果杏仁内馅】倒入【开心果塔皮】内，表面铺满泡过热盐水的苹果片，以 170℃ 烤 35 分钟。
2. 表面涂上镜面果胶，再以黄柠檬皮、玫瑰花瓣做装饰。

 TIPS

苹果切片泡热水，要泡至以汤匙捞起，苹果两侧自然地垂下的程度；浸泡时间不足，烤时容易焦黑。

{ 南瓜马车法式咸派 }

已过午夜十二点，灰姑娘取下了玻璃鞋，南瓜马车也从绚丽的模样回到原本的初始，单纯得只剩质朴的青蔬和金黄的南瓜泥，宛如一个纯洁的孩子，在黄色的土地和绿叶丛中开心游玩。简单的料理手法，融化的芝士丝下是饱满扎实的蔬菜养分，咸派上因着炉火上色的点点痕迹，写下的是世界之外有关回忆的词语。

 材料 / 克　　　6 英寸菊花模 2 个

派皮		内馅		水煮蛋	1 颗
高筋面粉	40	培根	1 片	盐	适量
低筋面粉	80	洋葱	1/8 颗	黑胡椒粉	适量
无盐黄油 (冰)	77	玉米粒	5		
盐 (冰)	2.5	玉米笋	5		
冰水	50	四季豆	15	**组合与装饰**	
		低筋面粉	5	面包粉	适量
		无盐黄油	5	芝士丝	适量
		牛奶	50	橄榄油	适量
		南瓜泥	45		

基本做法

派皮

所有材料切拌至稍微成团，擀平后松弛至少 1 小时。

内馅

1. 培根、洋葱、玉米粒、玉米笋、四季豆依序炒熟，再加入低筋面粉及无盐黄油炒香。

2. 分次加入牛奶煮至浓稠后，加入蒸熟的南瓜泥及切碎的水煮蛋拌匀。

3. 最后以盐及胡椒调味备用。

组合与装饰

将【派皮】入模，填入【内馅】后撒上面包粉、芝士丝并淋上橄榄油，以 200℃ 烤 25 ~ 30 分钟至塔皮呈金黄色即可。

TIPS

南瓜买回来后，将外皮清洗干净后对切，去除内膜与南瓜子，以锡箔纸包紧，切口面向上，放入烤箱中烘烤 45~60 分钟，出炉后再剥去南瓜的皮，这样制作出来的南瓜泥不会因为蒸气的水分而冲淡了味道，可以完全锁住南瓜的甜味喔！

{ 菠菜贝果 }

绿色的菠菜化成细丝，缱在刚出炉贝果守护的臂弯里，紧偎着品尝味道的舌尖，用刚柔并济的弹韧口感，自我们的口腔中敲出一首绿色摇篮曲，美味的节奏拍击灵魂。如梦似真，联结着麦田里的记忆，刻画着气味的图腾；细微的纤维质缠卷成丝丝入喉的痕迹，看小麦粉碎成晶莹的星星，于是我的手再拿起一块面包，好好品尝。

材料 / 克　　　　　　　　 8 颗

T55 面粉	390	水	257
盐	9	老面	117
蜂蜜	20	橄榄油	32
酵母	4	熟菠菜	40

基本做法

1. 将所有材料，除了熟菠菜之外，全部加入搅拌至扩展阶段，再拌入熟菠菜。

2. 基本发酵 30 分钟。

3. 分割后冷藏，中间发酵 30 分钟。

4. 整形，最后发酵 50 分钟。

5. 进烤箱前，以滚水两面各烫 10 ～ 15 秒。

6. 以上火 200℃ / 下火 190℃，烤 20 分钟。

 TIPS

贝果的特征就是在烘烤前必须先用热水煮过，使面团表面的发酵停止，在烘烤时面包体积也不会再增大，这样能使贝果面包咬劲十足。也因为只需烫熟面团表面，所以通常只需几秒钟的时间，要确认烫面水是可以依直保持滚的状态，否则面团下锅后会吸收过多水分，进而影响烘焙的时间。

玉米马铃薯可乐饼

即使是一片小小的可乐饼，也要讲究细节。吱吱作响的油锅，这是个与面粉与玉米战斗的下午，以美乃滋和番茄酱的丝线穿梭热腾腾的表面，像穿透过云层有如根根金线的阳光，纵横交错，把带着蔬菜香味的可乐饼缝缀成一幅美丽无比的图案，与清甜的鲜蔬一起享用。

 材料 / 克   5~6 颗

马铃薯	2 颗	全蛋	1 颗	香芹（切碎）	3
玉米粒	20	色拉油	800ml		
胡萝卜（切碎）	20	青花菜	适量		
面包粉	100	小番茄	3 颗		
盐	3	番茄酱	20		
黑胡椒粉	3	美乃滋	20		
蒜香粉	3	芝士粉	20		

基本做法

1. 将蒸好的马铃薯压成泥状，加入玉米粒，胡萝卜碎，鸡蛋与一半的面包粉，用盐、黑胡椒粉、蒜香粉调味，混合均匀后取约 35 ~ 40 克的薯泥塑形为薯饼，沾上蛋液后裹上薄薄的面包粉备用。
2. 起油锅（约 150 ~ 170℃），将薯饼炸至金黄上色后捞起沥油。
3. 依次将玉米可乐饼，汆烫冰镇后的青花菜与小番茄盛盘，淋上番茄酱与美乃滋，撒上芝士粉与香芹碎即可。

马铃薯蒸熟放入塑胶袋捣成泥状，加调味料混匀。先以 140 ~ 150℃的小火炸至定型后捞起，油温升至 170℃再放入炸至金黄。

材料 / 克　　　　4 人份

中筋面粉	100	牛奶	120ml	组合与装饰	
泡打粉	20	融化黄油	10	焦糖酱	20
盐	1	无盐黄油	10	杏仁片	10
细砂糖	5			水滴巧克力	10
鸡蛋	2 颗			糖粉	10
水	20ml			草莓	1 颗
				薄荷叶	1

基本做法

松饼面糊

1. 将中筋面粉、泡打粉、盐、细砂糖、鸡蛋、水与牛奶混合搅拌均匀后，加入融化黄油拌匀，静置约 15 ~ 20 分钟。
2. 以厨房纸巾沾上少许无盐黄油涂于热锅后的平底锅上，倒入适量的面糊。
3. 待表面微微起泡泡后，翻面略煎 40 ~ 60 秒，取出备用。

组合与装饰

于松饼表面涂上焦糖酱，分别放上生杏仁片与巧克力，以 170℃（上火）烤至上色。撒上糖粉，以草莓与薄荷叶装饰即可。

食谱中添加杏仁片以增加酥脆的口感，也可以换成任何喜欢的坚果来做。若是想要做出除了圆形以外的松饼造型，可以利用烘焙模型，将完成的面糊放入烘焙模型中煎熟，就可以简单轻松地做出任何想要的形状喔~

法式松饼脆片

早晨充满松饼香的厨房里，因为奶油和鸡蛋的升温烟雾袅绕，将蓝色的天空唤醒，以甜美的松饼铺开了一条路，草莓的清甜和细腻的糖粉正在指路，四周的薄荷和巧克力组成的森林枝叶扶疏，迷人欲醉的芬芳，飞跑的云雾，那么自由的生命；这个早晨，于小餐桌前饮啜咖啡，主题少年凌风所至之姿。

{ 咖喱海鲜馅饼 }

一张自制的手工饼皮有如金黄的大地，包容了鲜蔬与海味调制而成的馅料，以锅炉细火煎至上色，表面挤上的酱料似田园间的阡陌小路，而随手撒上柴鱼片与海苔粉仿佛是橘子树上的交错枝叶，橘红和点点绿意笑得正欢。芝士丝增加了滑嫩馥郁的香气，在唇齿留香之余，阳光把它的香气蕴蓄在汁液里，送入嘴里，带来满口甜香。

 材料 / 克　　　3 个

饼皮面糊		海鲜馅料				装饰与组合	
低筋面粉	100	鱿鱼肉	50	柠檬	半颗	无盐黄油	10
玉米粉	20	草虾仁	50	黑胡椒	1	芝士丝	30
盐	2	洋葱	30	百里香叶	1	番茄酱	20
鸡蛋	2 颗	卷心菜	80	盐	3	美乃滋	20
水	130ml	胡萝卜	20	橄榄油	10ml	柴鱼片	适量
		培根	1 片	咖喱块	3 小块	海苔粉	适量
				水	150ml		

✎ 基本做法

饼皮面糊

将所有材料混合搅拌均匀，静置约 15 ~ 20 分钟。

海鲜馅料

1. 将海鲜、蔬菜与培根切丁备用。
2. 海鲜料挤入柠檬汁，撒上黑胡椒粉、新鲜百里香叶与盐抓腌静置约 10 分钟。
3. 热锅，以橄榄油依序炒香培根、洋葱、胡萝卜、鱿鱼与草虾仁后加入咖喱块与水炒匀，再加入卷心菜拌匀备用。

装饰与组合

1. 以小火热锅，加入无盐黄油并倒入【饼皮面糊】，将面糊摊成薄饼状，取适量【海鲜馅料】与芝士丝放入饼皮中。
2. 将饼皮由下至上，由左至右折成正方状后将上下两面煎至上色。
3. 起锅，挤上番茄酱与美乃滋，撒上柴鱼片与海苔粉即可。

 TIPS

炒咖喱馅时，除了方便使用的咖喱块，也可以使用咖喱粉，咖喱粉的香气一般会比咖喱块更浓郁。

焦糖巧克力椰子慕斯蛋糕

以优雅的糕点相伴，感恩此刻的小幸福！眼前这片慕斯蛋糕，加了椰子粉的蛋糕体，在柔软中增添了细粒的口感，散发着朗姆酒香气的焦糖慕斯，以及有着高雅气质的巧克力慕斯，是此刻的主角，融合成一份味蕾的恩典，如世界掠过欢愉的心弦，弹奏出满足的圣歌。

材料 / 克   6 英寸慕斯圆模 1 个

蛋糕体		焦糖慕斯		巧克力慕斯	
蛋清	3 个	细砂糖	45	蛋黄	20
细砂糖	120	鲜奶油	75	细砂糖	10
蛋黄	2 个	打发鲜奶油	50	牛奶	30
低筋面粉	90	朗姆酒	7	苦甜巧克力	100
椰子粉	20	明胶片	1 片	明胶片	2 片
				君度橙酒	15
		组合与装饰		打发鲜奶油	150
		巧克力脆片	30		
		杏仁碎	适量		
		可可粉	适量		

基本做法

蛋糕体

1. 将细砂糖分次加入蛋清中打发,放入以蛋黄、过筛低筋面粉、椰子粉混合的面糊中拌匀。

2. 挤出成一片 6 英寸,2 片 5 英寸的螺旋状蛋糕体,以 180 ~ 190℃ / 烤 10 ~ 15 分钟。

焦糖慕斯

细砂糖加热至焦化,倒入鲜奶油拌匀后离火,续拌入朗姆酒与融化明胶片,最后加入打发鲜奶油拌匀即可。

巧克力慕斯

1. 蛋黄与细砂糖混匀后加入牛奶拌匀,加热至 80℃。

2. 放入巧克力、泡软的明胶片、君度橙酒与打发鲜奶油拌匀。

组合与装饰

慕斯模中依序放入 6 英寸蛋糕片、焦糖慕斯、巧克力脆片、5 英寸蛋糕片、焦糖慕斯、5 英寸蛋糕片与巧克力慕斯,冷藏至硬后脱模,周围沾上杏仁碎,撒上可可粉即可。

 TIPS

慕斯蛋糕脱模要先确定蛋糕已冰硬,使用喷火枪在慕斯框的外围加热,或用湿毛巾沾热水,拧干水分后轻擦外围。

综合芝士比萨

柔软、细致、绵密，带有浓浓奶香味和微咸滋味的布里奶酪；美丽浅象牙色泽，世界上三大蓝纹奶酪之一的戈根索拉奶酪；口感细腻而醇厚，依附在舌上缠绵醇香，久久不散的帕达诺奶酪；未经过酝酿或熟成过程的新鲜奶酪，带有微微甜味与清新奶香的马斯卡邦芝士。把这些奶酪描述完成，炉子里的比萨也快烤好。

 材料 / 克   8 英寸 5 个

比萨面团		综合芝士比萨	
高筋面粉	350	调和芝士	350
低筋面粉	175	布里奶酪	100
水	175	戈根索拉奶酪	100
冰块	75	马斯卡邦芝士	1/3 盒
盐	12	帕达诺奶酪	100
新鲜酵母	3.5		
橄榄油	25ml		

 基本做法

比萨面团

1. 面粉、水及冰块均匀混合于钢盆内备用。

2. 将剩余材料混合后，加入钢盆内搓揉至出筋后，分割 150 克整形备用。

综合芝士比萨

1. 取面团擀开至 8 英寸大小，除布里奶酪以外，依序铺上放入烤箱。

2. 以 220℃ 烤 8 ~ 10 分钟后出炉，刨上布里奶酪完成。

November | 11月

我的食光旅行

在秋风微凉的季节里，踏上食光之旅，就着日光谱写生活中微小但确切的幸福。这是一种面对世界的方式，决定出发前，学习先让自己归零，离开习惯的舒适地带，用新的味觉和不同以往的细腻步调，品尝全新的城市风味。不需天天精彩，但求悠然自得，山川星月的纯净物语，浩瀚无垠的天籁脉动，用一个个质朴美味的面包与甜点，将旅行于晴空下的每一刻美好记录下来。

材料 / 克　　　　约 6 颗

T55 面粉	630	水	612
法国面包粉	270	老面	270
盐	18	玫瑰花瓣	27
蜂蜜	45	蔓越莓干	225
酵母	6.3		

 基本做法

1. 将所有材料混合揉成面团。

2. 基本发酵 1.5 小时。

3. 翻面，中间发酵 30 分钟。

4. 整形，最后发酵 45 分钟。

5. 以 220℃烤约 20 分钟。

TIPS

虽然老面的培养过程需要许多的时间与耐心，但添加老面的面包，含水量较高，可以帮助面包保湿，使面包的口感更加松软绵密，且让面包多了一份浑厚清新的香气，还可以延长面包的保存喔！

玫瑰蔓越莓欧式面包

随着光阴流逝，面团使我们的生活加倍幸福；烘烤着随晨光而生的面包，沾满面粉的双手，平静安宁的日常餐食……我看见一道光，从地面上升至桌面那双正与面团对话的手，一股莫名力量包裹着纤柔的面包躯体，以蔓越莓与玫瑰作为誓言的象征，并以烈火高调爱慕着的面包，享受面包给予的咀嚼回忆。

{ 魔镜香烤苹果派 }

丰腴的杏仁奶油馅、蜜渍的苹果、滚烫的焦糖酱，面粉、奶油和捣碎的光一起混合成浓郁的气味。这如同古老的童话之夜，白雪公主与邪恶皇后的美味交锋。烤箱飘出的香气如利剑能够磨破剑鞘，溺水的烟氲和面粉形成的暴风雨，派皮承受了甜蜜闪电的撞击，苹果的小径，纤细的月光有如赤裸的麦粒，映衬着久远的故事，等待最后的结局。

材料／克　　6英寸模型1个

派皮		焦糖酱		杏仁奶油馅	
高筋面粉	40	细砂糖	50	无盐黄油	50
低筋面粉	80	水	8	细砂糖	50
无盐黄油（冰）	77	鲜奶油	50	全蛋	43
盐（冰）	2.5	盐	1	杏仁粉	50
冰水	50	无盐黄油	10	低筋面粉	5

蜜苹果	
苹果	1个
葡萄糖浆	30
海藻糖	15
水	30

基本做法

派皮
所有材料切拌至稍微成团，擀平后松弛至少1小时。

杏仁奶油馅
将所有食材混匀备用。

蜜苹果
苹果切厚片与其余材料煮至适当熟度后，置于冰箱一晚备用。

焦糖酱
细砂糖与水煮至焦化后，依序加入剩余材料拌匀备用。

组合
将派皮入模，抹上焦糖酱后填入杏仁奶油馅，以180℃烤20～25分钟，待冷却后放上蜜苹果即可。

制作派皮，操作环境温度须控制在20℃以下，若是手温较高，可以使用两个刮板，避免奶油太快融化。

魔法黑森林蛋糕

夜晚，如水的月光流入人们心里成为诗篇，我们把细碎的巧克力屑铺满黑森林蛋糕的表面与周围，包覆住湿润可口的可可蛋糕和香甜多汁的水渍樱桃，有如月光奏鸣曲和谐的乐章；打发的洁白鲜奶油像是洒在恋人身上的银色亮光。这带着巧克力浓香的绵密蛋糕，在口中绽放，令人感觉大地和夜空都和我们共鸣。

材料 / 克　　　小圆慕斯模 4 个

蛋糕体

蛋黄	25	植物奶油	24
细砂糖 (1)	25	牛奶	14
盐	1	蛋清	50
低筋面粉	50	细砂糖 (2)	33
泡打粉	0.5	杏仁碎	适量
可可粉	10		
热水	30		

鲜奶油馅

打发鲜奶油	100
细砂糖	9

组合与装饰

水渍樱桃	适量
巧克力屑	适量

基本做法

蛋糕体

1. 蛋黄加入细砂糖 (1) 与盐打发至微白后加入过筛粉类，拌匀后加入热水、植物奶油与牛奶拌匀备用。

2. 细砂糖 (2) 分次加入蛋清中打发，取一半加入做法 (1) 中拌匀，再将剩下的蛋清加入拌匀。

3. 入模，撒上杏仁碎，以190℃烤平盘 10 ~ 15 分钟即可。

鲜奶油馅

细砂糖与打发鲜奶油混合备用。

组合与装饰

以小圆慕斯模压出两片【蛋糕体】抹入【鲜奶油馅】，并夹入水渍樱桃，以剩余的【鲜奶油馅】抹面，表面撒上巧克力屑即可。

 TIPS

樱桃洗净去梗去籽冲热水，小锅倒水及少量柠檬汁小火煮 5 分钟，放入密封罐，加白兰地淹过表面，放阴凉处一周。

材料 / 克　　 8 英寸正方形慕斯框 1 个

蛋糕体

无盐黄油 (融化)	15	低筋面粉	60
牛奶	30	蛋清	160
蛋黄	105	细砂糖 (2)	50
细砂糖 (1)	10		
蜂蜜	25		

马斯卡邦芝士酱

马斯卡邦芝士	175
细砂糖	25
打发鲜奶油	100

组合与装饰

糖粉	适量

 基本做法

蛋糕体

1. 奶油及牛奶保持温热备用。

2. 将蛋黄、砂糖 (1)、蜂蜜充分打匀，再加入过筛的低筋面粉。

3. 将蛋清打至无蛋清，先加入第 1 次砂糖 (2)，拌打至蛋清变细流状再加入第 2 次砂糖 (2)，拌打至蛋清更细致，加入最后一次砂糖 (2)，拌打钢盆里的蛋清能反扣不掉即可。

4. 取 1/3 做法 (3) 面糊与做法 (2) 混合拌匀，再加入另外 2/3 蛋清面糊加入混合拌匀，再取适量的面糊与做法 (1) 混合，倒入有烘焙纸的烤盘抹平。

5. 预热烤箱 200℃，入炉转成 180℃烤 9 ~ 12 分钟。

马斯卡邦芝士酱

将马斯卡邦芝士和细砂糖打软，再加入打发鲜奶油拌匀。

组合与装饰

【蛋糕体】抹上【马斯卡邦芝士酱】后卷起，撒上糖粉装饰即可。

 TIPS

制作蛋糕卷，蛋糕体的保湿度很重要，蛋糕体在室温下放太久水分散失，卷的过程中蛋糕容易因太干而断裂。

马斯卡邦芝士蛋糕卷

焦糖盐花泡芙

材料 / 克　　　 20 颗

泡芙

无盐黄油	180	低筋面粉	216
牛奶	180	蛋黄	200
水	180	蛋清	130
盐	2.8	榛果碎	适量
细砂糖	6		

焦糖卡士达

红糖	188
鲜奶油	250
牛奶	100
细砂糖	63
蛋黄	250
玉米粉	25
无盐黄油	15
打发鲜奶油	220
盐	适量

组合与装饰

| 糖 | 适量 |

 基本做法

泡芙

1. 油、牛奶、水、盐和细砂糖煮滚，加入过筛低筋面粉煮至糊化。

2. 降温后分次加入蛋黄、蛋清拌匀，挤于烤盘上，撒上榛果碎。

3. 以上火 200°C / 下火 190°C，烤 25 ~ 30 分钟。

焦糖卡士达

1. 将红糖煮至焦化，加入鲜奶油拌匀。

2. 加入牛奶继再加热至沸腾后，再加入细砂糖、蛋黄、玉米粉拌匀后回煮浓稠。

3. 待凉后加入奶油拌匀，冷却后加入打发鲜奶油拌匀，最后以适量盐调味。

组合与装饰

将【焦糖卡士达】挤入【泡芙】，撒上糖粉即可。

TIPS

低筋面粉制作泡芙，皮薄脆、膨胀度大、空心部分较多；高筋面粉制作体积较小，外皮扎实坚固，中心空洞不多。

November

全麦小餐包

材料 / 克 约 11 颗

液种面团		主面团	
T55 面粉	300	T55 面粉	227
水	300	全麦粉	151
酵母粉	0.06	盐	15
		酵母	4
		蜂蜜	38
		水	136
		无盐黄油	30

基本做法

1. 将【液种面团】和【主面团】所有材料，除了无盐黄油之外，全部加入揉至光滑，再加入无盐黄油揉至扩展阶段。

2. 基本发酵 60 分钟，翻面再发酵 60 分钟。

3. 分割为一颗 100 克。

4. 整形，最后发 50 分钟。

5. 以上火 210℃ / 下火 200℃，烤 20 ~ 25 分钟。

低脂香蕉戚风蛋糕

材料 / 克　　| 7 英寸戚风模 1 个 |

低脂香蕉戚风

植物奶油	35	细砂糖	60
水	20	柠檬汁	2
低筋面粉	55		
玉米粉	10		
香蕉	70		
蛋黄	60		
蛋清	110		

君度香缇鲜奶油

打发鲜奶油	180
细砂糖	10
君度橙酒	10

组合与装饰

杏仁碎 (烤过)	适量
新鲜香蕉	适量
巧克力酱	适量
巴芮脆片	适量
镜面果胶	适量
开心果碎	适量

 基本做法

低脂香蕉戚风

1. 先将植物奶油和水隔水加热保温。
2. 将低筋面粉、玉米粉和香蕉混合拌匀，加入做法 (1) 混合，再加入蛋黄混合。
3. 蛋清、细砂糖和柠檬汁打至八分发，先取 1/3 与做法 (2) 混合，再加入剩下的 2/3 混合，倒入模型。
4. 以 180℃ / 烤 20 分钟，调头再以 160℃ / 烤 10 ~ 15 分钟。

君度香缇鲜奶油

将所有材混合拌匀即可。

组合与装饰

【低脂香蕉戚风】以【君度香缇鲜奶油】抹面挤花、涂上巧克力酱并于侧边沾上杏仁碎；放上切片香蕉，涂以镜面果胶后撒上巴芮脆片与开心果碎。

> TIPS
>
> 香蕉与粉类拌匀时，可将香蕉捣成泥状较容易拌匀。装饰香蕉切成块状后可与少量的柠檬汁混合，防止氧化变色。

纽约重奶酪草莓蛋糕

材料 / 克　　　8 英寸慕斯模 1 个

饼干底		内馅		草莓果酱	
饼干粉	70	奶油奶酪	185	细砂糖	30
无盐黄油	35	细砂糖	60	草莓果泥	65
		白奶酪	75		
		全蛋	75	**组合与装饰**	
		香草荚酱	适量	开心果碎	适量
		玉米粉	15		
		柠檬汁	8		
		鲜奶油	80		

 基本做法

饼干底

饼干粉与无盐黄油 (软化) 拌匀，均匀铺于烤模中压紧实。

内馅

奶油奶酪打软，依序加入细砂糖、白奶酪、全蛋、香草荚酱、玉米粉、柠檬汁、鲜奶油搅拌均匀。

草莓果酱

草莓果泥与细砂糖煮至稠状即可。

组合与装饰

1. 将【内馅】倒入【饼干底】中。以 200° C 蒸烤 10 ~ 15 分钟，再以 180° C 烤 15 ~ 20 分钟。

2. 冷藏至凉后，表面抹以【草莓果酱】，撒上开心果碎装饰。

TIPS

新鲜草莓制作果酱，将草莓与细砂糖混合放置一晚，熬煮到果酱呈浓稠状，添加一点白酒或朗姆酒增加果酱层次。

古典巧克力

材料 / 克   8 英寸海绵模 2 个

蛋糕体

无盐黄油	200	小苏打粉	1
细砂糖 (1)	230	鲜奶油	130
肉桂粉	1	低筋面粉	190
盐	1	蛋黄	40
香草荚酱	1	蛋清	80
热水	100	细砂糖 (2)	40
可可粉	60		

甘纳许

苦甜巧克力	200
鲜奶油	130
白兰地	20

奶油香缇

甘纳许	50
鲜奶油	150

 基本做法

蛋糕体

1. 将无盐黄油、细砂糖 (1) 打发后，加入肉桂粉、盐、香草荚酱混合均匀后放一旁。

2. 待水煮沸后，加入可可粉及小苏打粉拌匀，分次倒入 (1)，接着加入鲜奶油、低筋面粉及蛋黄拌成面糊状。

3. 将蛋清及细砂糖 (2) 打发至湿性发泡后，倒入面糊中即可放入烤箱180℃烤 10 ~ 15 分钟。

甘纳许

将鲜奶油加热，加入苦甜巧克力及白兰地混合融化拌匀，均质后静置成甘纳许。

奶油香缇

再取部分甘纳许与鲜奶油混合成奶油香缇备用。

组合与装饰

将蛋糕分切成三片。蛋糕体→甘纳许→蛋糕体→甘纳许→蛋糕体→抹上奶油香缇装饰即可。

 TIPS

浓厚可可风味的古典巧克力蛋糕，无论是搭配香草冰淇淋还是一杯香醇的红酒，都非常适合。

材料 / 克　　　　约 12 颗

芋头	300	猪油	20
砂糖	40	咸蛋黄	5 颗
马铃薯淀粉	35	肉松	50

基本做法

1. 先将芋头去皮，切片蒸约 30 分钟左右，芋头蒸熟透备用。

2. 将蒸透的芋头倒入钢盆，再入砂糖、马铃薯淀粉、猪油搅拌成泥状。

3. 取芋泥分成球状，每颗约 30 克左右，包入咸蛋半颗，肉松 5 克左右，搓成球状，
   外表裹上少许马铃薯淀粉，入 160℃油锅炸约 3 分钟即可。

 TIPS

制作时可以在芋泥中添加少量的马铃薯淀粉，除了比较好操作以外，口感也会变得比较 Q。

咸蛋黄肉松芋球

香蕉布朗尼

一根甜糯的香蕉或是浓郁丝滑的巧克力，这是一场魔鬼与天使间的抉择。吃一块高热量的巧克力好像有点罪恶，那么就和新鲜香蕉一起烘成有酥甜糖壳的布朗尼，诱人犯罪的巧克力魔鬼，这次有了健康天使香蕉的陪伴，奶白色的蕉肉铺在布朗尼的表面上更显粉嫩，烤过的香蕉口感 QQ 软软，和松甜的巧克力糖壳配合得分外爽口！

 材料 / 克   6 英寸正方形模 1 个

苦甜巧克力	125	全蛋	88	香蕉	1 根
无盐黄油	125	香草酱	2	糖粉	适量
细砂糖	100	低筋面粉	100		
盐	2	泡打粉	2		

基本做法

1. 苦甜巧克力及无盐黄油隔水加热至溶解。
2. 将细砂糖、盐、全蛋液、香草酱、低筋面粉、泡打粉以打蛋器拌匀，加入做法 (1)。
3. 倒入模型、铺上香蕉片，撒上糖粉。
4. 180°C 烤约 20 分钟。

 TIPS

烤好冷却后的香蕉布朗尼放入冰箱冷藏 2 小时候更好吃！

法式双莓雪冻白奶酪蛋糕

材料 / 克　　　| 6 英寸慕斯圆框 1 个 |

树莓蓝莓果冻

蓝莓果泥	25
树莓果泥	25
水	20
细砂糖	20
麦芽糖	7
镜面果胶	8
明胶片	5
冷冻蓝莓	15

草莓果冻

草莓果泥	100
柠檬汁	5
细砂糖	10
草莓酒	25
明胶片	5

组合与装饰

新鲜莓果	适量
打发鲜奶油	适量
开心果碎	适量

原味达克瓦滋

杏仁粉	50
糖粉 (1)	50
低筋面粉	10
蛋清	60
细砂糖	20
糖粉 (2)	适量

白奶酪慕斯

白奶酪	155
牛奶	20
细砂糖	40
蛋黄	20
香草荚酱	适量
明胶片	5
柠檬汁	5
打发鲜奶油	115

 基本做法

树莓蓝莓果冻

先将蓝莓果泥、树莓果泥、水、细砂糖和麦芽糖煮滚，再加入镜面果胶、泡软的明胶片和冷冻蓝莓混合拌匀，倒入 5 英寸圆框模型，冷藏 30 分钟后再冷冻。

草莓果冻

先将草莓果泥、柠檬汁和细砂糖煮滚，再加入草莓酒和泡软的明胶片混合拌匀，倒入 5 英寸圆框模型，冷藏 30 分钟后再冷冻。

原味达克瓦滋

将杏仁粉、糖粉 (1) 和低筋面粉过筛后，将蛋清和细砂糖拌打至硬性发泡，再与做法 (1) 混合，挤 5 英寸及 6 英寸大小各一，最后撒上糖粉 (2)，以 175℃ 烤 15 分钟。

白奶酪慕斯

先将白奶酪打软备用后，将牛奶、细砂糖、蛋黄和香草荚酱隔水加热拌打至浓稠，加入泡软的明胶片、柠檬汁混合拌匀，再倒入白奶酪混合后再与打发鲜奶油混合。

组合与装饰

于慕斯框中依序叠入 5 英寸【原味达克瓦滋】、【白奶酪慕斯】、【树莓蓝莓果冻】、6 英寸【原味达克瓦滋】、【白奶酪慕斯】与【草莓果冻】，冷藏凝固后脱模，以打发鲜奶油挤花，最后摆上新鲜蓝莓、草莓和开心果碎装饰即可。

法芙娜巧克力布朗尼慕斯蛋糕

📇 材料 / 克　　　　　　| 6 英寸慕斯方框 |

可可酥饼		布朗尼		巧克力慕斯	
无盐黄油	25	苦甜巧克力	65	鲜奶油	50
红糖	30	无盐黄油	35	牛奶	50
盐	少许	细砂糖 (1)	30	细砂糖	10
蛋黄	10	牛奶	40	蛋黄	20
低筋面粉	30	威士忌	10	苦甜巧克力	140
可可粉	7	蛋黄	20	打发鲜奶油	200
泡打粉	1	低筋面粉	20		
		蛋清	30	组合与装饰	
		细砂糖 (2)	10	可可粉	适量
		核桃	10		

 基本做法

可可酥饼

将奶油、红糖和盐拌匀，再慢慢加入蛋黄混合，最后可入过筛粉类拌匀成团，擀成 6 英寸方型大小，冷冻冰硬后，入模，以 175°C 烤约 15 分钟。

布朗尼

1. 先将苦甜巧克力和无盐黄油隔水加热，再与细砂糖 (1)、牛奶、威士忌、蛋黄和低筋面粉混合备用。

2. 接着将蛋清和细砂糖 (2) 打发，再与步骤（1）混合，倒入烤半熟的【可可酥饼】内，最后撒上核桃，以 175°C 烤 20~25 分钟。

巧克力慕斯

将鲜奶油、牛奶、细砂糖与蛋黄混合，隔水加热煮成蛋黄酱后，加入苦甜巧克力混合拌匀，再加入打发鲜奶油拌匀。

组合与装饰

先倒入 1/2【巧克力慕斯】至冷却好的【布朗尼】蛋糕内冷冻。剩下 1/2 慕斯隔冰水降温后，装入裱花袋，于【布朗尼】蛋糕上挤成水滴状，最后撒上可可粉装饰即可。

香料可可碎巧克力慕斯蛋糕佐坚果巧克力饰片

材料 / 克　　　　　| 费南雪模 18 个 |

香料可可蛋糕		姜糖		巧克力慕斯		黑糖姜饼	
低筋面粉	60	红糖糖	110	鲜奶油	25	无盐黄油	45
杏仁粉	15	黑糖	50	牛奶	25	黑糖	15
可可粉	15	水	20	细砂糖	5	盐	少许
泡打粉	2	姜碎	120	蛋黄	10	姜泥	2
肉桂粉	1			苦甜巧克力	70	低筋面粉	65
小茴香粉	1	**巧克力片**		打发鲜奶油	100	杏仁粉	13
细砂糖	75	免调温巧克力	50				
全蛋	100	杏仁碎（烤）	适量	**组合与装饰**			
无盐黄油	75	南瓜子（烤）	适量	开心果碎	适量		
姜糖	25	白芝麻（烤）	适量				

 基本做法

香料可可蛋糕
细砂糖与全蛋拌打至糖融，慢慢加入融化无盐黄油与过筛粉类，最后加入姜糖拌匀入模，以 170°C 烤 12-~15 分钟。

姜糖
将红糖糖、黑糖与水煮成糖水，加入姜碎煮至浓稠（滴入冷水变硬），离火降温不间断的反复搅拌成糖粉状，再以小火回煮成颗粒状即可降温备用。

巧克力慕斯
将鲜奶油、牛奶、细砂糖与蛋黄混合煮成蛋黄酱后过筛，加入巧克力后静置混合拌匀，再加入打发鲜奶油拌匀，冷藏备用。

黑糖姜饼
所有材料混合拌匀，装袋擀平，冷冻冰硬切割，以 160°C 烤 15~20 分钟。

巧克力片
巧克力隔水融化后，于烤纸上抹平，均匀撒上杏仁碎、南瓜子与白芝麻，待巧克力凝硬后即可。

组合与装饰
将【香料可可蛋糕】置于【黑糖姜饼】之上，挤上【巧克力慕斯】，插上【巧克力片】，以【姜糖】及开心果碎装饰。

December | 12月

马甲与味蕾的华丽圣战

十二月，充满欢乐喜悦与希望的月份，美味诱人的圣诞甜点与卡路里的天人交战，一场追求最佳味觉的甜蜜战争正在进行，绚丽的造型与口味多变的讨喜甜点，衬搭着缤纷的节庆气息，带给人们幸福洋溢的感觉，入口即化的口感，总在舌尖上带来浓郁的滑顺与甜蜜。冷冽的冬季里，一份香甜馥郁的可口点心，最能融化彼此寒冷的心，此刻，先放下你心中的马甲曲线，以最优雅的姿态，一同迎接冬季餐桌上每个华丽的美妙奇迹。

维多利亚海绵蛋糕

材料 / 克　　　6 英寸海绵模 2 个

蛋糕体		卡士达酱		组合与装饰	
无盐黄油	200	全蛋	4 颗	树莓果酱	6
细砂糖	200	细砂糖	30	打发鲜奶油	250ml
香草荚酱	1	香草豆荚	1 条	糖粉	适量
全蛋	4 颗	鲜奶油	55ml		
低筋面粉	200	玉米粉	2		
泡打粉	2	牛奶	570ml		

基本做法

蛋糕体

1. 无盐黄油、细砂糖与香草荚酱拌打至微白，分次加入全蛋拌至均匀光滑，再加入过筛粉类拌匀。
2. 入模，以 180°C 烤至金黄色，脱模后冷却备用。

卡士达酱

将全蛋、细砂糖、香草豆荚、鲜奶油和玉米粉搅拌均匀，将沸腾的牛奶快速倒入搅拌均匀，回锅加热至浓稠。

组合与装饰

冷却后剖半，依序夹抹入树莓果酱与打发鲜奶油，并于蛋糕表面撒上糖粉装饰即可，可与温热的卡士达酱搭配食用。

 TIPS

要完美的横切蛋糕体成片状，可利用小道具辅助：在蛋糕的两侧放一样厚的书本，切刀贴着书面来回拉锯即可。

巧克力奶酪蛋糕

 材料 / 克　　　6 英寸海绵模 1 个

可可饼干底		巧克力奶酪面糊			
饼干粉	65	苦甜巧克力	45	全蛋	120
糖粉	15	无盐黄油	120	鲜奶油	30
杏仁碎 (烤)	7	麦芽糖	30	浓缩咖啡	15
可可粉	15	奶油奶酪	240	威士忌	25
无盐黄油	50	细砂糖	75		

组合

镜面果胶	适量
夹心饼干粉	65
糖粉	适量

 基本做法

可可饼干底

1. 饼干粉、糖粉、杏仁碎与可可粉混合后加入融化无盐黄油，入模压平 (模型内缘可涂上少许黄油)。

2. 以 180°C 烤 10 分钟。

巧克力奶酪面糊

1. 苦甜巧克力、无盐黄油与麦芽糖隔水加热保温备用。

2. 奶油奶酪与细砂糖拌软，慢慢加入全蛋混合后，再加入鲜奶油与咖啡混合。

3. 将做法 (1)、做法 (2) 与威士忌拌匀。

组合

1. 将【巧克力奶酪面糊】倒入【可可饼干底】。

2. 以上火 200°C/ 下火 100°C，烤 20 分钟后调头，再以上火 150°C / 下火 100°C，烤 25 分钟，出炉并冷却脱模后，刷上镜面果胶，撒上夹心饼干粉与糖粉。

TIPS

浓缩咖啡，除可使用意式咖啡外，也可使用一般即溶咖啡，以水：咖啡粉 = 3：7 的比例调制。

日式经典宇治金时蛋糕卷

日式建筑的屋里，空气沉默寡言地聆听，古老朴质的木制墙面轻声诉说着故事。充满日式风格的蛋糕卷，以抹茶为基底的蛋糕，淡绿柔软若温暖的毛毯般，为它搭配调制了以鲜奶油与红豆混合而成的内馅，将蛋糕卷起，仿佛卷起一圈圈朵朵白云。如此优雅的香气，引领嗅觉与味觉，一窥日系风味的独特面貌。

材料 / 克　　　长方形烤盘 (35 厘米 x25 厘米 x3 厘米)1 个

蛋糕体

蛋黄	4 个	细砂糖 (2)	60
细砂糖 (1)	20	低筋面粉	80
蜂蜜	20	抹茶粉	10
牛奶	30	无盐黄油	30
蛋清	4 个		

内馅

红豆馅	200
鲜奶油	150

 基本做法

蛋糕体

1. 蛋黄、细砂糖 (1)、蜂蜜和牛奶混合均匀。
2. 将细砂糖 (2) 分次加入蛋清中打发 , 加入做法 (1)、低筋面粉、抹茶粉及无盐黄油拌匀。
3. 以 190 ～ 200℃ 烤 10 ～ 15 分钟。

内馅

鲜奶油打发后与红豆馅混匀即可。

组合与装饰

将【内馅】抹入【蛋糕体】卷起即可。

 TIPS

为了让蛋糕体卷起时不会断裂 , 蛋糕体须柔软但坚固 , 为提升蛋糕保水度一般会添加糖浆 , 而本配方为蜂蜜。

{ 牛肉千层面方块 }

在锅铲挥动之中，一片热气上升，美味的自制肉酱是灵魂，毫不手软的番茄糊、洋葱碎、胡萝卜、西芹、月桂叶是西式料理的不变真理，奶油与面粉拌煮的白酱浓稠流动如舞蹈的形体，芝士丝是引人食指大动的精灵，切下一块，香浓的酱料汁液从缝隙中缓缓流入盘中，细细品尝，深受感动的味觉，正静听这世界的赞美。

04
December

 材料 / 克　　　 约 5 人份

意大利千层面	2 盒	月桂叶	2 片	芝士丝	40
牛绞肉	600	切碎番茄	500	芝士粉	25
猪绞肉	400	水 (1)	100ml	小番茄	3 颗
番茄酱	25	无盐黄油	25	香芹碎	20
洋葱	半颗	低筋面粉	15	盐	3
胡萝卜	25	水 (2)	300ml	黑胡椒粉	3
西芹	1 支	牛奶	250ml	橄榄油	20ml

基本做法

1. 面水：备一锅滚水加入盐、橄榄油，分次放入千层面煮到"弹牙"熟度捞起滤干，拌入少许橄榄油避免沾粘，备用。

2. 肉酱：热锅加入橄榄油，煸炒牛绞肉、猪绞肉和番茄酱后，加入切好的洋葱碎、胡萝卜丁、西芹丁、月桂叶、切碎番茄、水 (1)，以中小火煮约 30 ~ 60 分钟，用盐、黑胡椒粉调味。

3. 白酱：小火热锅，融化无盐黄油，加入低筋面粉炒成面糊后，先加入水 (2) 调开面糊后再加入牛奶调整稠度，用盐、黑胡椒调味。

4. 依序将肉酱、白酱、千层面叠起，重复至 3 ~ 4 张面皮。最上层在铺上肉酱和白酱，撒芝士丝、芝士粉、小番茄，于 180 ~ 200° C 烤箱烤至芝士融化上色，最后撒上香芹碎完成。

 TIPS

千层面水煮时，水量约是面体的 10 倍左右，煮面水中需添加一些橄榄油，以避免面都粘在一起，在煮的时候也要一片一片的下锅，千万不可以一次全部一起加热，这样四周的面体先吸收到水分后就会开始粘连，中心的部分就煮不熟了。

抹茶栗子生乳蛋糕卷

材料 / 克 | **大烤盘 (60 厘米 x45 厘米 x3 厘米)1 个**

抹茶蛋糕

蛋黄	185	抹茶粉	10
蛋清 (1)	62.5	色拉油	110
细砂糖 (1)	25	低筋面粉	160
盐	1	泡打粉	5
牛奶	95	蛋清 (2)	335
朗姆酒	6	细砂糖 (2)	170

生乳鲜奶油馅

| 生乳鲜奶油 | 500 |
| 蜂蜜 | 50 |

内馅

| 糖渍栗子 | 50 |

组合与装饰

| 糖粉 | 适量 |

基本做法

抹茶蛋糕

1. 蛋黄、蛋清 (1)、细砂糖 (1)、盐打发,再加入牛奶和朗姆酒混合拌匀。
2. 抹茶粉和色拉油加热至 80°C,加入做法 (1) 拌匀,再加入过筛粉类拌匀。
3. 蛋清 (2) 分次加入细砂糖 (2) 打发,分次加入做法 (2) 拌匀。
4. 以上火 / 下火 200℃ /180℃,烤 15 分钟。

生乳鲜奶油馅

生乳鲜奶油和蜂蜜混合拌匀打发。

组合与装饰

将【生乳鲜奶油馅】抹平于【抹茶蛋糕】上,铺上切丁糖渍栗子,将蛋糕卷起冷藏,最后以糖粉装饰。

 TIPS

生乳鲜奶油指的是乳脂较低且完全以生乳制作而成的鲜奶油,较不易保存但打发后,口感比一般鲜奶油清爽轻盈。

奶油柠檬芝士塔

材料 / 克　　6 英寸菊型塔模 1 个

塔皮		柠檬芝士		柠檬奶油馅		柠檬芝士慕斯	
无盐黄油	40	奶油奶酪	165	柠檬汁	25	奶油奶酪	90
糖粉	25	细砂糖	40	细砂糖 (1)	15	细砂糖	20
盐	1	全蛋	60	细砂糖 (2)	15	麦芽糖	4
全蛋	15	鲜奶油	20	全蛋	10	牛奶	28
低筋面粉	70	柠檬汁	5	蛋黄	12	明胶片	3.5
杏仁粉	10	朗姆酒	5	无盐黄油	30	白巧克力	7
柠檬皮屑	0.5 颗	**瑞士蛋白霜**		柠檬皮屑	少许	柠檬汁	5
		蛋清	60	**组合**		打发鲜奶油	90
		细砂糖	90	手指饼干	适量		
				黄柠檬皮屑	适量		
				绿柠檬皮屑	适量		
				开心果碎	适量		

 基本做法

塔皮

无盐黄油软化后和糖粉、盐拌匀，慢慢加入全蛋后再加入过筛粉类和柠檬皮屑混合成团，放入
1 斤袋中以擀面棍压平成适当的大小，冷冻约 20 分钟后切割捏入塔模里，再次冷冻。

柠檬芝士

先将奶油奶酪和细砂糖打软拌匀，慢慢加入全蛋混合，再加入鲜奶油、柠檬汁与朗姆酒混
合拌匀。

柠檬奶油馅

1. 柠檬汁和细砂糖 (1) 混合煮滚。

2. 细砂糖 (2)、全蛋和蛋黄混合，将做法 (1) 冲入混合，回煮至约 83°C 呈浓稠状。

3. 降温至 40°C 后慢慢加入软化无盐黄油拌匀，最后加入柠檬皮屑拌匀。

柠檬芝士慕斯

奶油奶酪、细砂糖、麦芽糖和牛奶混合煮滚，加入泡软并隔水融化的明胶片、融化巧克力
和柠檬汁拌匀降温至约 20~25°C 后与打发鲜奶油混合，冷藏 30 分钟。

瑞士蛋白霜

蛋清与细砂糖一起隔水加热至 50°C，倒入搅拌机打发即可。

组合

将柠檬芝士倒入冰好的塔皮中，以 180°C 烤 20 分钟。放凉后放上市售手指饼干，依
序挤上【柠檬奶油馅】与【柠檬芝士慕斯】，最后挤上【瑞士蛋白霜】，撒上黄绿柠
檬皮屑与开心果碎即可。

白巧克力咕咕洛夫蛋糕

 材料 / 克　　　咕咕洛夫模 1 个

可可咕咕洛夫

无盐黄油	120	泡打粉	2
细砂糖	90	牛奶	20
全蛋	85	可可粉	8
香草荚酱	适量		
低筋面粉	85		

表面装饰

白巧克力	50
综合坚果	适量
薄荷叶	适量

基本做法

可可咕咕洛夫

1. 无盐黄油加入细砂糖打软，分 2 次加入全蛋及香草荚酱，拌入过筛粉类，混合均匀后加入牛奶。

2. 取 1/3 面糊拌入可可粉，将两个颜色的面糊混合入模，以 180° C 烤 30 ～ 40 分钟。

组合与装饰

融化白巧克力淋于【可可咕咕洛夫】之上，以综合坚果与薄荷叶装饰即可。

 TIPS

制作黑白大理石纹路咕咕洛夫蛋糕，入模前只需轻拌 3 下，面糊才不会因倒入模型再次混合，让界线变得不明显。

英式水果甜馅派

材料 / 克　　　圆形小塔模 约 15 个

塔皮		内馅			
低筋面粉	375	葡萄干	175	松子	1 小把
盐	适量	大葡萄干	190	橙皮丁	45
无盐黄油	165	白兰地	50ml	青苹果	1 颗
冰水	90 ~ 135ml	无盐黄油	150	装饰	
		黑砂糖	125	糖粉	少许

基本做法

塔皮

将面粉加入盐和无盐黄油混合均匀，再加入冰水揉成面团，放入冰箱冷却。

内馅

将所有材料混合加热收干放凉。

组合

1. 烤箱预热至 170° C。

2. 将【塔皮】分成 2 份擀平，1 份以 3 寸圆模压出来，1 份用星型模压出。

3. 将圆形塔皮放入刷好油的塔模内，将【内馅】填入，并将星型塔皮铺在【内馅】
   上，入烤箱烤 15 分钟至塔金黄酥脆即可。

4. 放凉后脱模，表面撒上少许糖粉即完成。

水果甜馅派以大量的糖与酒熬煮而成，因此塔皮没有再添加糖，以中和内馅甜味；可冷冻
保存，想吃时再解冻加热。

可爱姜饼人与姜饼屋

材料 / 克 　　1 个

姜饼		糖霜		组合与装饰	
无盐黄油	105	糖粉	200	拐杖糖	3 支
红糖	52.5	水	适量	白巧克力	适量
盐	1.5	果泥	适量	糖珠	适量
姜泥	7.5			糖果	适量
低筋面粉	195				
杏仁粉	37.5				

 基本做法

姜饼

1. 所有材料入钢盆压拌均匀。

2. 将做法 (1) 装袋，擀平后冷冻至硬，切割为适当大小与压模。

3. 以 160℃烤 15 ~ 20 分钟。

糖霜

所有材料拌匀即可。

组合与装饰

于【姜饼】上挤上【糖霜】，组合后以枴杖糖、融化白巧克力与糖珠、糖果装饰即可。

 TIPS

为让姜饼颜色更深选用红糖，红糖颗粒较粗，可在加入前先微波 10 ~ 15 秒让糖微微融化，较不会有残留颗粒的问题。

草莓奶油奶酪慕斯

材料 / 克　　　　6 英寸慕斯模 1 个

蛋糕体

蛋黄	117.5
细砂糖 (1)	60
蛋清	125
细砂糖 (2)	60
低筋面粉	52.5
杏仁粉	25
无盐黄油	56

内馅

新鲜草莓	10 颗

酒糖液

细砂糖	100
水	100
君度橙酒	25

组合与装饰

鲜奶油	50
新鲜草莓	适量
薄荷叶	适量
糖粉	适量
装饰人偶	1 个

奶油奶酪慕斯

蛋黄	50
细砂糖	160
牛奶	200
明胶片	16
奶油奶酪	320
柠檬汁	1/2 颗
打发鲜奶油	320
君度橙酒	12

基本做法

蛋糕体

1. 蛋黄和细砂糖 (1) 打发。
2. 蛋清和细砂糖 (2) 打发。
3. 将做法 (2) 分二次拌入做法 (1) 中，再将过筛粉类拌入，最后加入融化无盐黄油拌匀，倒入烤盘抹平。
4. 入炉烤，以 180℃ 烤 12 ~ 15 分钟。
5. 以慕斯圆模压出 2 片五英寸蛋糕片备用。

奶油奶酪慕斯

1. 蛋黄和细砂糖拌匀，倒入煮沸的牛奶混合，再隔水回煮至 80°C，加入泡软的明胶片拌匀。
2. 奶油奶酪打软，加入柠檬汁拌匀，再与做法 (1) 拌匀，最后加入打发鲜奶油、君度橙酒拌匀。

酒糖液

所有材料混合即可使用。

组合与装饰

1. 于【蛋糕体】拍上【酒糖液】，取一片放入六英寸模型中并以切半草莓围边。
2. 倒入部分【奶油奶酪慕斯】，放入另一片蛋糕片后倒入剩余慕斯后冷藏。
3. 以打发鲜奶油挤花，以剩余草莓与薄荷叶装饰，撒上糖粉摆上装饰人偶即可。

 TIPS

酒糖液的制作很简单，将细砂糖与水混合煮沸冷冷却再加入酒拌匀即可。

Merry Christmas

华丽圣诞树干蛋糕

材料 / 克 　　长方形烤盘 (35 厘米 x25 厘米 x3 厘米)1 个

蛋糕体		榛果鲜奶油		组合与装饰	
无盐黄油	70	打发鲜奶油	200	核桃碎 (烤)	100
香草荚酱	少许	榛果酱	100	圣诞糖偶	适量
植物奶油	70			糖果	适量
牛奶	144	咖啡巧克力鲜奶油		胡桃	适量
细砂糖 (1)	28	打发鲜奶油	200	糖粉	适量
低筋面粉	144	咖啡浓缩酱	30		
蛋黄	144	巧克力酱	少许		
蛋清	286				
细砂糖 (2)	114				

 基本做法

蛋糕体

1. 无盐黄油、香草荚酱、植物奶油、牛奶和细砂糖 (1) 全部煮溶后，加入过筛低筋面粉拌匀，再加入蛋黄拌匀。
2. 蛋清和细砂糖 (2) 打至 8 分发，再和做法 (1) 拌匀即可。
3. 以 200° C 烤 14 ~ 17 分钟。

榛果鲜奶油

所有材料混匀备用。

咖啡巧克力鲜奶油

所有材料混匀备用。

组合与装饰

1. 【蛋糕体】抹入【榛果鲜奶油】，撒上烤过的核桃碎后卷起，切下部分作为树桩。
2. 以【咖啡巧克力鲜奶油】抹面，以叉子划出树皮纹路，以圣诞糖偶、糖果与胡桃装饰，撒上糖粉即可。

 TIPS

表面装饰【咖啡巧克力鲜奶油】中所使用的咖啡浓缩酱，要选用较稠的。除了可用叉子画出纹路，也可使用锯齿刀。

巧克力布里欧

材料 / 克　　　5 颗

高面筋粉	300	全蛋	50
T55 面筋	200	蛋黄	25
盐	7.5	水	190
蜂蜜	50	老面	50
新鲜酵母	10	奶油	150
牛奶	75	苦甜巧克力	100

基本做法

1. 除了奶油与苦甜巧克力以外，其余材料搅拌至光滑后，以中速慢慢加入冷藏奶油，搅拌至完成阶段后，拌入苦甜巧克力，拌匀即可。

2. 基本发酵 50 分钟，翻面 30 分钟。

3. 分割成每个 200 克，中间发酵 25 分钟。

4. 整形成橄榄形，最后发酵 1 小时。

5. 刷蛋液，剪造型后上下火 200℃，烤焙 18~20 分钟。

 TIPS

布里欧面包中使用大量油脂以及水分，所以制作出来的成品香甜、松软。在制作的过程中要特别注意搅拌时的温度，因为食材多，所以面团需要比较长的时间搅拌，而在搅拌的过程中面团温度升高，要是这时候加入奶油，奶油遇热融化后就会失去延展性了。

图书在版编目 (CIP) 数据

手作四季烘焙 / chez soi 手绎厨艺生活创作空间
著 . -- 北京 : 中国轻工业出版社, 2019.1
ISBN 978-7-5184-2293-7

Ⅰ. ①手… Ⅱ. ①c… ②生… Ⅲ. ①烘焙—糕点加工
Ⅳ. ① TS213.2

中国版本图书馆 CIP 数据核字 (2018) 第 271131 号

本书通过四川一览文化传播有限公司代理, 经台湾乐木文化有限公司授权出版中文简体字版本。

责任编辑: 巴丽华　　　　策划编辑: 朱启铭　　　　责任终审: 张乃东
封面设计: 奇文云海　　　　版式设计: 奥视创意工作室　　责任监印: 张京华

出版发行: 中国轻工业出版社 (北京东长安街6号, 邮编: 100740)
印　　刷: 北京博海升彩色印刷有限公司
经　　销: 各地新华书店
版　　次: 2019年1月第1版第 1次印刷
开　　本: 787×1092　1/16　印张: 22
字　　数: 300千字
书　　号: ISBN 978-7-5184-2293-7　定价: 98.00元
邮购电话: 010-65241695
发行电话: 010-85119835　传真: 85113293
网　　址: http://www.chlip.com.cn
Email: club@chlip.com.cn
如发现图书残缺请与我社邮购联系调换
170681S1X101ZYW